奇妙的昆虫图鉴

[日]丸山宗利 著

曾茜 译

北京日报出版社

图书在版编目（ＣＩＰ）数据

奇妙的昆虫图鉴／（日）丸山宗利著；曾茜译. ——
北京：北京日报出版社，2023.5
ISBN 978-7-5477-4333-1

Ⅰ. ①奇… Ⅱ. ①丸… ②曾… Ⅲ. ①昆虫－图集
Ⅳ. ①Q96-64

中国版本图书馆CIP数据核字（2022）第098104号

北京版权保护中心外国图书合同登记号：01-2022-4313

BOKURA WA MINNA IKITEIRU! HEN DE KIMYO NA KONCHU ZUKAN
Copyright©2019 Nihontosho Center Co.Ltd.
Chinese translation rights in simplified characters arranged with NIHONTOSHO CENTER Co.,
LTD through Japan UNI Agency, Inc., Tokyo and Rightol Media Limited.
The simplified Chinese translation rights arranged through Rightol Media（本书中文简体版权
经由锐拓传媒取得Email:copyright@rightol.com）

奇妙的昆虫图鉴

出版发行：北京日报出版社
地　　址：北京市东城区东单三条8-16号东方广场东配楼四层
邮　　编：100005
电　　话：发行部：(010) 65255876
　　　　　总编室：(010) 65252135
印　　刷：天津创先河普业印刷有限公司
经　　销：各地新华书店
版　　次：2023年5月第1版
　　　　　2023年5月第1次印刷
开　　本：675毫米×925毫米　1/16
印　　张：11.5
字　　数：95千字
定　　价：42.00元

前 言

在这个地球上，生活着数不清的动物。你知道其中种类最繁多的是哪种动物吗？

答案是"昆虫"哦！

昆虫，无论是在个体数量还是总体种类上，都占据了自然界动物的绝大多数。

仔细想想，从森林到草原，从公园的长椅底下到你家的阳台里，是不是到处都能看见昆虫的身影呢？

寒来暑往，这些昆虫在危机四伏的自然环境中，面对着敌人们的捕猎，它们小心翼翼、努力地生存着。为了繁衍子孙后代，历经千辛万苦。

但是，昆虫的那份"努力"，在我们人类看来，有时会显得特别"奇怪"。

比如，有的昆虫为了让同伴活下去，会将自己的身体贡献出来，作为"粮仓"；有的昆虫即使一把年纪，还在拼命地干活；还有的昆虫竟然会像我们人类一样开展农业活动、造纸，等等，令人惊叹不已。

更惊人的是，它们早在人类之前，就已经这么做了！

在这本书中，我们会为大家讲述种种奇妙、惊人、有趣、可怕，甚至是悲伤的昆虫故事。

昆虫的神奇和厉害之处，可能会超乎你们的想象哦！

丸山宗利（昆虫学者）

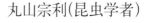

本书的使用方法

重要的地方会有特殊标记哦!

先读完昆虫的基础知识(02~09页),你会更容易理解后面的内容。

本书共记录了110则关于昆虫的故事。这些故事有的奇妙、有的惊人、有的有趣、有的可怕,有的甚至还有些悲伤。

你可以翻开任意一页开始读。

所以,请你参照目录,找到自己感兴趣的内容后翻阅吧!

第1章 奇妙又忠诚的昆虫故事

行军蚁不会筑巢。其中,在一种名为布氏行军蚁的工蚁中,有警卫蚁和兵蚁等职责区分。多达几十万只行军蚁聚集起来,会组成一个军队。之后,它们会一边吃掉沿途遇到的昆虫、蜘蛛等,一边前进。

虽然行军蚁没有蚁巢,但它们也不是一直移动。在白天,它们会撑开"帐篷"野营;在蚁后产卵期间,它们也会在原地野营2周左右。而这时,它们组成"帐篷"的原材料,居然是工蚁的身体!工蚁们的四肢相互缠绕,编织成网,将身体连接起来组成帐篷,为了保护蚁后和卵宝宝简直拼了命呢!对于蚁后如此忠诚的行军蚁,实在令人感动。

名　称:布氏行军蚁
栖息地:南美洲的森林、田地
体　型:体长10mm(头长)

80

看这里可以了解到昆虫的名称、生活的栖息地以及体形大小哦。

昆虫小专栏

如果你想了解更多,请翻到章节的最后一页读读看吧!

布氏行军蚁用
自己的身体组成帐篷

可以随便翻到
你感兴趣的
地方开始阅
读哦!

昆虫们是怀着
怎样的心情生
活的呢?

……耐寒而广为人知。……起到了防寒服的作用。
……-20℃，也不会被冻住。在更加低温的环境中，即便身体……的体液被冻住，细胞本身也会将细胞液排出细胞外，因此……朝，冀刺蛾的前蛹在零下183℃的环境下，还能存活70……的耐寒能力，真是让人羡慕啊。

蝴蝶
用来感知味觉的部位是脚

太好吃啦!

说到蝴蝶，总会让人想到在花丛中飞来飞去，采集花蜜的情形。但是，蝴蝶有时也会停留在叶子上。这时的蝴蝶在干什么呢?

其实，蝴蝶正在品尝叶子的味道。

蝴蝶是通过前脚上旺盛发达的感知毛来感知味道的。蝴蝶通过感知毛找寻适合幼虫食用的叶子，并在叶子上产卵。这样一来，如果幼虫顺利地从虫卵中孵化出来，就能马上吃到美味的叶子，然后渐渐长大。

当然，蝴蝶也是通过脚来享用甜甜的花蜜。用脚品尝花蜜，看来蝴蝶还是花蜜鉴赏师呢。

昆虫杂学

想传授给孩
子的小知识。

第 1 章 奇妙又惊人的 昆虫 故事

13
蜜罐蚁会
为了同伴,
用身体作"粮仓"

14
火蚁中的
工蚁一天要打盹
250次

15
尖尾蚁的
结婚嫁妆是
"蚂蚁的心肝宝贝"

17
切叶蚁的
祖祖辈辈
都在种植真菌

18
蟋蟀用
前足上的听觉器官
听取声音

19
长脚胡蜂的
蜂巢是纸做的

ZZZ…

21
公螳螂
即使头没了,
也可以交尾

22
身体里藏着
一个水库的
储水蛙

目录

41
胭脂虫
可以被
用作染料

42
能伪装成
白蚁幼虫的
白蚁寄生蝇

43
雌性蚜虫 自己
就能生出2万只
蚜虫宝宝

45
嗜睡摇蚊 会
化身为"木乃伊"，
等待复活时机

46
在蜘蛛网上也能
活动自如的
蜘蛛

47
蚊子 的
食物
是花蜜

48
有些 **蟑螂**
可以当宠物养

49
大多数 **蟑螂**
不生活在
人类家中

昆虫
小专栏
50
昆虫界中
派系最大的是
甲虫

第 **2** 章

奇妙又恐怖的

昆虫 故事

55
武士蚁 将
其他种类的蚂蚁
当成奴隶
伺候自己

56
北美无毛凹臭蚁
会用"催泪弹"
攻击竞争对手

57
遮盖毛蚁
一旦攻占巢穴失败
就会落入
悲惨境地

58
赤翅甲虫 会
把毒素当作礼物
送给雌性甲虫

59
切叶蚁 会
将弱势同伴
扔进垃圾场

60
汤本蟑螂 会
成群结队地
跑到蚂蚁家中
混吃混喝

61
埋葬虫 会
埋葬小动物们的
尸体

63
花螳螂 的
幼虫十分擅长
捕食小蜜蜂

64
大蓝蝶 幼虫
会在红蚁巢穴
中狂吃红蚁
的幼虫

65
铁线虫
能够
操控螳螂

67
黄石蛉 的
虫蛹虽然不捕食
但会紧紧咬住
靠近它的生物

69
彩色萤火虫
会"骗婚"

70
蚊子 位列
杀害人类的生物排
行榜第一名

71
鳞蛉 的
幼虫会释放毒气
攻击白蚁

72
蜂后 会
使工蜂丧失
产卵能力

73
头部寄生蝎 的
幼虫会斩断
蚂蚁的头

74
蜜蜂 会
聚集起来围攻大黄蜂,
产生热量使其闷死

75
蜜蜂 中的雄性
如果不能交尾
就会被驱逐

76
昆虫
小专栏
不蜕皮的话,
就长不大哟

81
布氏行军蚁用
自己的身体
组成帐篷

82
编织蚁会
用幼虫吐出的丝线来编
织巢穴

83
日本弓背蚁的
头可以充当蚂蚁巢
穴的盖子

84
撒哈拉银蚁在觅
食的过程中
常常与死神
擦肩而过

85
爆炸蚂蚁会
通过自爆来保卫巢穴
不受外敌的侵害

86
蚁狮在
没有收获猎物的时候
只能挨饿

第3章 奇妙又悲伤的
昆虫 故事

87
蚂蚁会
把蚜虫当作
家畜豢养

89
头虱
只能生活在人类的
头发中

90
独角仙
一旦受伤，
就无法痊愈

91
独角仙
几乎不打架

92
芫菁甲虫
一旦找错了
寄生对象，
就会死掉

93
雌性
日本西表萤火虫
不具有
成虫形态

95
雌性
大龙虱
可能会在
交尾的时候淹死

96
蚊蝎蛉中的
雄性不好好准备
礼物的话
会被雌性甩掉

97
水龟也
可能会
淹死在水里

98
灶马
不小心撞到天花板
的话会当场死亡

99
长额负蝗中的
雄性总是
监视着雌性

100
有的**蝴蝶**
会被霰弹枪
击落

101
绿胸晏蜓 (银蜻蜓)
身上的
银色部分极少

103
蚕在野外
无法生存

104
弹尾虫自己
也不知道会被
"弹"到哪里去

105
舞毒蛾中的
雄性会与雌性
一刻不停地交尾

106
蜜蜂
一辈子
收集的蜂蜜
只有一勺

107
蜜蜂
即使一把年纪
也还在辛勤劳作

109
蜜蜂的
分工包括专职
空调工和清洁工

110
东方大黄蜂
会利用太阳能发电,
目的不明

111
钩腹姬蜂的
一生都在碰运气

112
南部胃育蛙
虽然很小心地
养育后代
却还是灭绝了

113
蚂蚁蜘蛛
对蚂蚁的模仿
并不能骗过
真正的蚂蚁

114
蝎子
即使会被敌人与
猎物发现
也要发光

115
东京达摩蛙
掉进水沟的话基本爬
不出来

116
昆虫们都是伪装大师

昆虫
小专栏

第 **4** 章 奇妙又有趣的
昆虫
故事

138

天蚕蛾

拉出的便便是花朵
的形状

139

柑橘凤蝶的
幼虫长得跟鸟类粪
便一模一样

140

蚕的
便便能够
将冰激凌染成绿色

141

柑橘凤蝶的
幼虫的便便
闻起来像蜜柑

142

苍蝇

扇动翅膀发出的
音全是"索"

143

蜂和**苍蝇**中
也有"酒鬼"

145

塔兰图拉毒蛛

身上比毒素更危险
的是蛛毛

146

用脸部排尿的
小龙虾

147

卷甲虫的
便便形状是
方方正正的

148

雄性和雌性毫无区别的
蜗牛

149

蜗牛

能够在刀刃上
自由移动

150

用眼珠把食物推
进腹中的
黑斑蛙

151

雨蛙

直接用肚皮
喝水

153

三角枯叶蛙

拉出的便便大小跟
狗狗的便便差不多

154

鼠妇

每次右转弯后
基本都会左转弯

155

蚯蚓会
把便便堆成
高塔的形状

156

有些昆虫也在过着
社会生活呀

昆虫
小专栏

序

章

要好好学习关于
昆虫的知识哦！

昆虫的基础知识

　　我们的身边生活着各种各样的昆虫，但它们平常不太会被人们注意到。因此，一旦被问到："昆虫是什么样的生物？"有许多人都回答不上来。

　　那么，就让我们从这里开始，先来学习一下昆虫的基础知识吧！

真的假的？！

我们俩曾经也被称作"昆虫"哦！

昆虫的基础知识

在中南美洲的热带雨林中！

种类多多！数量多多！

在地球上，除了我们人类，还生存着许许多多的动物，约有140万种。其中，最为繁多的就要数昆虫啦，光是我们已知的昆虫种类就有100多万种。可以说，地球上超过70%的动物都是昆虫。

不仅如此，世界上还有很多没有被人类发现的昆虫，要是算上这些未知的昆虫种类，地球上可能会有200万，甚至是500万以上不同种类的昆虫！可以毫不夸张地说，地球就是昆虫的乐园。

而且，几乎地球上的所有地方都有昆虫存在。在中南美洲的热带雨林中、在干燥的沙漠里，甚至在极寒之地的南极大陆上，都有昆虫们的身影。

看起来毫不起眼的昆虫，其实可不能真的小看它们哦。

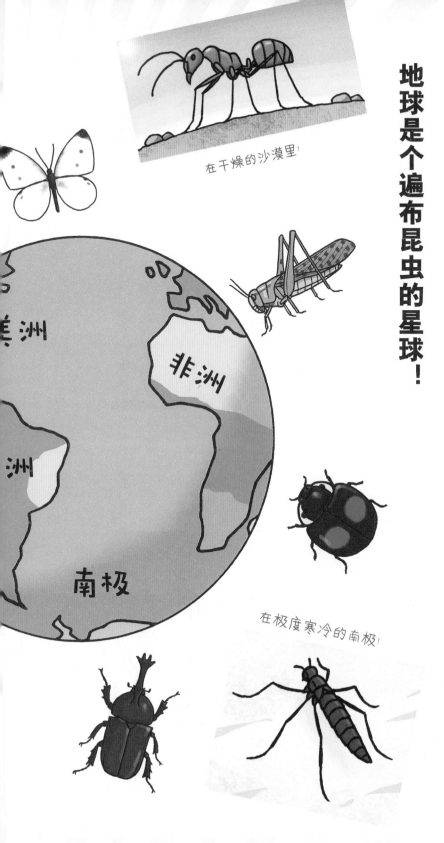

在干燥的沙漠里!

美洲

非洲

洲

南极

在极度寒冷的南极!

地球是个遍布昆虫的星球!

昆虫的基础知识

不是昆虫的虫子

　　蜘蛛拥有8条腿,头部与胸部之间是由一节肢体连接着的;西瓜虫则长了好多条腿——然而,它们都不属于昆虫。话虽这么说,可这些小动物为什么经常被人们通通称为"虫子"呢?

　　这是因为过去没有将生物分门别类的学问,于是人们将哺乳类、鸟类、鱼类以外的小小生物,统称为"虫子"。因此,本书中也会介绍曾经被称作"虫子"的蜘蛛、西瓜虫、蚯蚓、青蛙等生物。

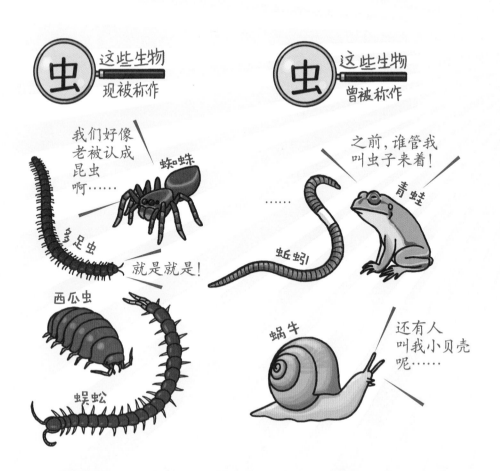

虫 这些生物现被称作

我们好像老被认成昆虫啊……

蜘蛛

多足虫

就是就是!

西瓜虫

蜈蚣

虫 这些生物曾被称作

之前,谁管我叫虫子来着!

青蛙

……

蚯蚓

蜗牛

还有人叫我小贝壳呢……

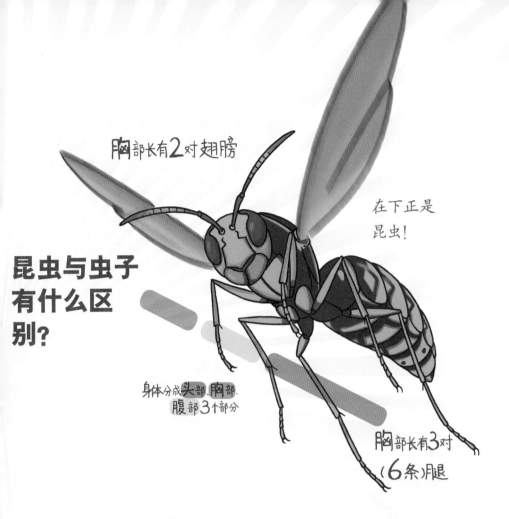

胸部长有2对翅膀

在下正是
昆虫!

昆虫与虫子
有什么区
别?

身体分成头部、胸部、
腹部3个部分

胸部长有3对
(6条)腿

昆虫到底是什么生物?

　　昆虫其实与蛇、蟹等同属于一个门类,也就是节肢动物门。节肢动物的身体一般由"节"组成,身体内部并没有骨骼,依靠坚硬的外骨骼支撑身体。

　　在节肢动物中,身体构造能够简单区分为头部、胸部和腹部这三块的种类被称为昆虫。除此之外,昆虫的主要特征还包括胸部的3对(6条)腿和2对翅膀。但是,某些昆虫的腿和翅膀可能已经退化,所以并非所有昆虫都具有上述特征。

为何昆虫如此繁荣？

各种各样 用处多多的翅膀

蝗虫的翅膀像青草叶子一样

知道我在哪儿吗？

能飞到树上、山上，垂直飞行我也能行！

警告！含有毒素！

靠太近会危险咯！

最早飞过天空的是昆虫！

保护身体

抗摔打、耐干燥！

　　从地球上诞生生物之日起，最早飞过天空的其实是昆虫。虽然有些昆虫的翅膀已经退化了，但是99%的昆虫过去都能够用自己的翅膀飞行。多亏了它们的翅膀，昆虫们的生活范围才能够不断地扩大。

　　虽然说小小的生物们再怎么努

因为我可以
飞来飞去，
飞到很多地方，所以
家族才会繁荣强大呀！

我可是能够平稳飞行很长距离的哟！

力也跑不了多远，但是如果能够飞行，它们就可以不受地形的限制，飞到很远很远的地方，还能够垂直向上飞行，去到很高很高的地方。

因此，昆虫能够在各种环境下生存，数量和种类也越来越多。

让我们仔细观察一下它们的翅膀！有些昆虫为了隐蔽自己而伪装，翅膀颜色会融入周围环境；有些昆虫为了威胁和警告敌人，它们的翅膀颜色会特别鲜艳。总之，翅膀能保护昆虫的身体不受伤害。

昆虫的基础知识

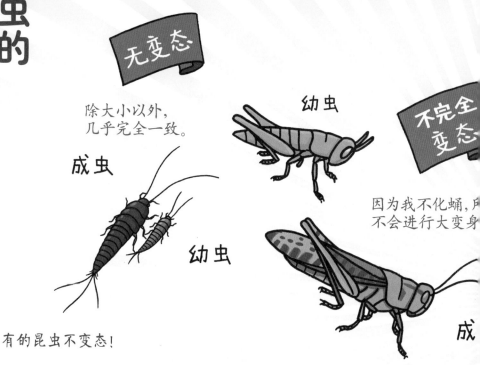

无变态

除大小以外，
几乎完全一致。

成虫

幼虫

幼虫

不完全变态

因为我不化蛹，所
不会进行大变身

成

有的昆虫不变态！

　　有些种类的昆虫不进行完全变态发育。比如，蝗虫就是从幼虫直接发育为成虫的。

　　而这种发育方式被称为"不完全变态"。由于它们不化蛹，身体形态不会变化，所以幼虫与成虫的外形十分相似。通过多次脱壳，幼虫的翅会慢慢伸长，渐渐发育为成虫。

　　此外，像蛀虫这样的昆虫，从孵化的那刻起就拥有了成虫的形态。这类发育方式被称为"无变态"[1]。

　　原始的昆虫种类并不多，这是因为它们没有虫翅，所以无法繁荣地发展。

哟呼，来了一位美丽的女士。

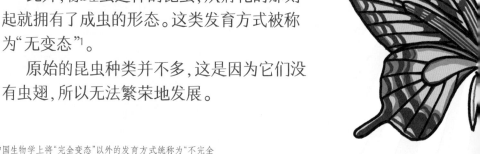

1. 中国生物学上将"完全变态"以外的发育方式统称为"不完全变态"。(参考人教版《初中生物》八年级下册第二节"昆虫的生殖和发育")

8

为何昆虫如此繁荣？

了不起的变身！

80%以上的昆虫，都会从小青虫之类的幼虫结成虫蛹，之后变成与之前形态完全不一样的成虫。这种"变身"的过程被称为"完全变态"，幼虫与成虫在生活环境和生存方式上是不一样的。

幼虫的目标就是"长大成虫"，因此它们专心致志地在食物丰富的地方大吃大喝，慢慢地成长。

不久后，它们的身体化作虫蛹，再变身成为以繁衍后代为目的的成虫。成虫会搬家到一个新的地方，在更好的环境下进行繁殖。总之，正是由于幼虫与成虫之间分工明确，它们才能齐心协力地使昆虫家族走向繁荣。

我要飞去更好的地方！

完全变态

作为幼虫宝宝的我，吃饭才是正经事哟。

咔嚓咔嚓[1]

身体改造中的虫蛹

1. 幼虫啃食叶子的拟声词：咔嚓咔嚓。

奇妙又惊人的昆虫故事

很多昆虫拥有人类难以想象的身体结构和行为方式，而有些昆虫的某些行为竟然与人类的行为极为相似。昆虫之中有太多的奇妙故事让我们人类为之震惊，本章就从这里开始，为大家介绍关于这些昆虫的惊人小故事吧！

真的这么惊人吗？

为我们的
力量而
颤抖吧！

第1章

蜜罐蚁生活在沙漠之类的干燥地区，它们的食物是蚜虫等动物提供的富含水分和糖分的蜜露。蜜露是蚜虫吸食了植物汁液后通过便便排出的，所以在干燥地区一般很难获取。于是，蜜罐蚁想到了一个储存食物的惊人方法，那就是把同伴的身体当作"粮仓"(蜜罐)。

负责采集食物的工蚁会收集蜜露返回巢穴，然后注入负责储存蜜露的蜜罐蚁的口中。这样一来，作为"粮仓"的蜜罐蚁的肚子就会被蜜露塞得满满当当，为了身体不被撑破，它们会将自己悬挂在蜂巢的"天花板"上。可惜的是，这些储存起来的蜜露都是为同伴准备的，它们自己却无法享用。

咕嘟
咕嘟
……

名　称：蜜罐蚁
栖息地：北美洲、墨西哥的干燥地区
体　型：体长5～15毫米（储蜜的蜜罐蚁）

蜜罐蚁会
为了同伴，用身体作"粮仓"

工蚁每天忙个不停，一会儿把食物搬回蚁巢，一会儿为了守卫巢穴而战斗，可以说是"废寝忘食"。但是，它们到底什么时候才会休息呢？

虽然目前我们了解得还不够清楚，但是根据已知的研究发现：火蚁中的工蚁一天似乎要打盹250次，一次打盹1分钟左右！平均下来，它们一天大概断断续续能睡上4小时48分钟。但是一天竟然要睡250次，难道不是更辛苦吗⋯⋯

此外，蚁后平均每天的睡眠时间是9小时。不愧是蚁后，睡眠时间果然比工蚁久啊！

名　称：火蚁
栖息地：南美洲的草地
体　型：体长2~6毫米（工蚁）

尖尾蚁的

结婚嫁妆是『蚂蚁的心肝宝贝』

今天我要出嫁啦！

尖尾蚁生活在植物根部附近的巢穴里。在它们的蚁巢中，一定少不了一种昆虫——粉蚧。这种昆虫被称为"蚂蚁的心肝宝贝"，多么有趣的称呼呀！而事实上，粉蚧确实是尖尾蚁的宝贝，并且与尖尾蚁共同生活。这是为什么呢？因为尖尾蚁只吃粉蚧分泌出的蜜露。

而反过来，如果没有尖尾蚁，粉蚧也将无法生存，因为粉蚧必须在尖尾蚁的照顾下，才能安心地靠吸食植物根部的汁液而活下来。

当蚁巢中出现了新的蚁后，并且为了求偶而飞去其他地方的时候，它会用嘴巴紧紧地叼着一只粉蚧离开，看上去就像带着"嫁妆"一样。

名　称：尖尾蚁
栖息地：东亚的草地
体　型：体长2～3毫米（蚁后）

如果有人告诉你，有的蚂蚁居然能从事农业活动，你应该会大吃一惊吧？它们就是常见于中南美洲的热带雨林地区以种植真菌为生的切叶蚁。

切叶蚁，顾名思义，它们能够将植物叶子切下来，搬运到蚁巢中，那里有它们集中种植真菌的"菌园"。在"菌园"，切叶蚁会将叶子进一步切碎，使之发酵，然后种上菌株，开始栽培。最终，等到真菌长成圆滚滚的小蘑菇时，切叶蚁就可以采摘并收获食物了。

切叶蚁所种植、食用的真菌并没有菌盖和菌柄。所谓的菌盖和菌柄其实是子实体，就好比植物中花的部分。如果要人类去尝一尝切叶蚁种植的真菌，那么很遗憾，因为那似乎一点都不好吃。

今年也是大丰收！

名　称：切叶蚁
栖息地：中南美洲的热带雨林
体　型：体长3～20毫米（工蚁）

切叶蚁的
祖祖辈辈都在种植真菌

到了秋天，雄性蟋蟀就会发出"啾啾"的鸣叫声。雄性蟋蟀先将一边的翅膀立成锯齿状，再用另一边的翅膀在锯齿上面摩擦，发出声音。蟋蟀变换声调地鸣叫可不是为了娱乐人类，而是用来向雌性蟋蟀求爱，以及圈定地界、展示势力范围哦。

蟋蟀当然是有耳朵的，但是它们的前侧耳朵竟然长在左前足和右前足外侧。雌性蟋蟀通过前足上的耳朵听到鸣叫声后，会飞到它满意的雄性蟋蟀身边，回应雄性的求爱。

另外，蟋蟀后侧的耳朵长在后足大腿根附近。耳朵长在腿上，蟋蟀这种生物多么不可思议呀！

蟋蟀用前足上的听觉器官听取声音

哎呀呀，是哪位男士发出如此动听的鸣叫声？

名　称：阎魔蟋蟀
栖息地：东亚的草地或田地
体　型：体长25~30毫米

咔嚓咔嚓

人类造纸也是跟我学的嘛!

长脚胡蜂的蜂巢是纸做的

长脚胡蜂,顾名思义,这类蜂拥有又长又细的脚。而它还有一个名字,叫"造纸胡蜂",你知道这是为什么吗?

长脚胡蜂的上颚十分发达,可以轻易将植物的纤维"咔嚓咔嚓"地切碎,然后混合唾液制成轻便又结实的纸浆,用作蜂巢的建筑材料。这个方法与人类通过植物造纸的过程十分类似,长脚胡蜂也因此被称作"造纸胡蜂"。

顺带一提,也有人认为或许人类就是受到了长脚胡蜂造纸巢的启示,才发明了造纸术。这么说,长脚胡蜂才是最早开始造纸的生物。让我们对奇妙的大自然心怀感恩吧!

名　称:黑背长脚胡蜂
栖息地:日本本州到九州的平地
体　型:体长20~25毫米

传说母螳螂在交尾过后，为了补充营养，会吃掉公螳螂。但事实上不完全是这样。

螳螂有对在眼前运动的东西发起攻击的习性。因此，公螳螂为了交尾来到母螳螂身边时，经常会被突然袭击。并且，由于母螳螂的体型比公螳螂的两倍还要大，所以公螳螂是绝对没有还手之力的。

但如果大多数公螳螂在交尾中途被吃掉的话，就难以繁衍后代了。因此，公螳螂进化出了就算被母螳螂吃掉头部，也能暂时存活，继续完成交尾的能力。并且，有些勇猛的公螳螂不光能顺利完成本次交尾，还能拖着半条命与其他的母螳螂继续交尾，真是了不起的执念啊！

名　称：螳螂
栖息地：东亚、东南亚的
　　　　草地或田地
体　型：体长70～90毫米

公螳螂

即使头没了，也可以交尾

就算我失去了头，也要继续加油哇！

蛙类是最喜欢水的两栖生物。但是，在澳大利亚的沙漠中，居然也生存着约10个种类的青蛙。其中，最耐干燥的青蛙代表便是储水蛙。

储水蛙能够在地面钻洞，然后潜入地底下拼命地汲取地下水。它们的身体好像注满水膨胀的气球一样，就这么储存着满满当当的水分生活。当很久不下雨，地下水减少时，储水蛙就会分泌一种黏黏糊糊的液体包裹住身体，防止变干燥。

澳大利亚的原住民会从地里挖出这种储水蛙，然后挤出它们身体里的水分饮用。没想到，青蛙居然还能给人类补充水分，太让人惊叹了！

储水蛙

身体里藏着一个水库的

多多地储存水分，让身体变得滋润哦。

咕嘟咕嘟

名　称：储水蛙
栖息地：澳大利亚的干燥地区
体　型：体长60毫米

蜗牛

的触角,断了也能恢复原状

梅雨时节很常见的,头上长着一对长触角和一对短触角的蜗牛,其实是陆生贝壳类动物的一员。

两根长长地伸出来的触角的顶端是蜗牛的眼睛。虽说蜗牛的眼睛只能勉强感受到光线的明暗变化,但是对于它们探索四周来说,已经足够了。而下方两根稍短的触角,有着类似人类的鼻子和舌头的功能。

因为蜗牛失去触角可能无法直线前行,或者感受不到敌人以及猎物的气息,所以,无论失去了哪根触角都十分危险。但是别担心!蜗牛拥有超级厉害的再生能力,就算触角断了,也能重新长回来。就是要花上三个多月的时间……

昆虫杂学

有些种类的蜗牛会被寄生虫附体,触角变得像毛毛虫一样。而这样的蜗牛很容易被鸟类当作毛毛虫抓走,寄生虫就能顺势进入鸟的身体里生活。

雄性锹形虫的左右两侧拥有强壮有力的下颚,而雌性锹形虫的下颚则十分小巧。因此,从外形就可以轻松地辨别雌性和雄性。但有些锹形虫十分罕见地以身体中心为界,与生俱来同时拥有雄性特征和雌性特征的下颚。

这种就是由于细胞异常分化而出现的雌雄镶嵌型生物。与人类一样,昆虫的身体也是由成千上万的细胞组成,雌性生物一般只能发育出雌性特征。但是,如果身体细胞中的一部分发生变异就会造成异常,分化出惊人的雌雄同体的生物特征。

雌雄镶嵌型生物特征除了会出现在昆虫身上,还会出现在鸟类身上。

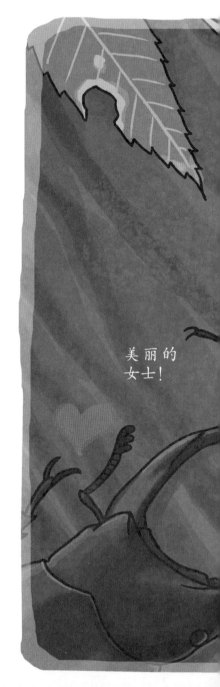

美丽的女士!

昆虫杂学

雌雄镶嵌型生物特征的发生概率在十万分之一到万分之一。出现该特征的生物寿命较短,并且无法繁衍子孙后代。

有些**锹形虫**
身体的一半是雌性，另一半是雄性

现在，随着世界人口不断增长，有人说在不久的将来，也许肉类和鱼类会难以满足人类的需求。于是，最近昆虫作为有望替代肉类和鱼类蛋白质的"食材"，备受关注。

由于体内富含蛋白质、脂肪以及钙等营养元素，昆虫其实是一种很好的食材。在日本，蝗虫和蚕蛹等也一直被人们当作美味的食物。

现在，由于十分美味而受到人们广泛关注的是天牛的幼虫。特别是白条天牛的幼虫，其柔软的口感能够与金枪鱼的肥生鱼片相媲美，味道绝佳。据说只要撒点盐巴和胡椒粉稍微炒一下，就特别好吃了。

白条天牛 昆虫食材中最美味的是 的幼虫

看上去好好吃啊……呜呜呜……

名　称：白条天牛
栖息地：东亚和东南亚的森林
体　型：体长45～55毫米

有些**独角仙**的食物是竹笋

果然还是竹笋汁好喝啊！

啾～

大型独角仙一般都会从树木中汲取汁液作为食物。然而，南美洲的森林中生存着一种锯齿型独角仙，与普通独角仙不同的是，它们的食物是竹笋。

这种锯齿型独角仙碰到新鲜的嫩竹笋时，会先将头部朝下倒挂着。然后，它会用虫角的根部以及嘴巴里的尖锐突起物划开竹笋表面，吸食里面的竹笋汁液。

竹笋虽然不含糖分，但它是一种富含蛋白质和钙等矿物质元素的食材。享用美味竹笋汁的独角仙还真是独角仙中的美食家呀。

名　　称：锯齿型独角仙
栖息地：南美洲的森林
体　　型：体长40～85毫米

生活在北美洲的美洲红绿金吉丁虫由于其漫长的幼虫期而闻名。

这种吉丁虫的幼虫会生活在松树上，边吃松树边等待，2～4年后才能化作虫蛹。在这期间，一旦幼虫所在的松树被砍伐，它们得到的水分就会变少，幼虫的成长会进一步减缓。有记录表明，在居住了51年的家中，曾发现从松树建材中突然飞出了吉丁虫成虫。

另外，吉丁虫还被发现出现在了原本不存在吉丁虫的国家和地区。从吉丁虫的角度来看，它们就像是在不知不觉中坐上了时光机，然后被带去了一个未知的场所。唉，听上去有点可怜呀。

有些**吉丁虫**的
幼虫宝宝已经50多岁了

这、这是……

2060
19 AUGUST
09:24
29℃ 晴

我到底当了多少年
的幼虫啊……

名　称：美洲红绿金吉丁虫
栖息地：北美洲的森林
体　型：体长18～25毫米

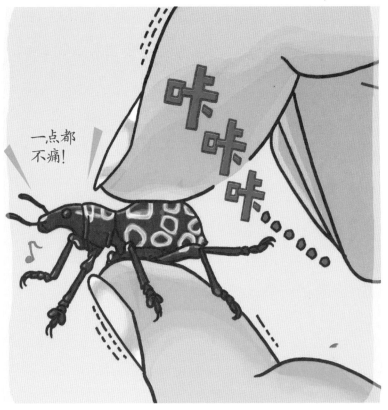

硬象鼻虫的
身体坚硬得针都扎不进去

　　大多数象鼻虫类昆虫的身体都十分坚硬。其中，尤其以甲壳坚硬著称的是硬象鼻虫。

　　硬象鼻虫的甲壳到底有多硬呢？连制作标本时用的昆虫针都无法穿透，刺得针尖软绵绵地弯曲起来。在硬象鼻虫生存的中国台湾地区和菲律宾流传着这样的说法：要想用手压碎硬象鼻虫，可得比比力气才行。据说，还有因此被戳伤手指的呢。

　　多亏了坚硬的外壳保护，硬象鼻虫才能躲避鸟类天敌。但是，为了拥有坚硬的外壳，硬象鼻虫左右的前翅都已经退化，再也不能飞行了。

名　称：圆斑硬象鼻虫
栖息地：菲律宾吕宋岛的山地
体　型：体长15～20毫米

　　粪虫会吃动物的粪便。大雪隐金龟子也属于粪虫的一种。在以东大寺[1]的大佛闻名的奈良公园里面，粪虫展现出了惊人的活力。

　　据统计，奈良公园中共生活着约1200头野生小鹿，一年排出300吨以上的粪便。将如此巨量的粪便都吃得干干净净的就是大雪隐金龟子之类的粪虫。此外，粪虫的便便还是公园草地的肥料，受到滋养后茁壮成长的青草，又会成为小鹿们的食物。

　　多亏了这些粪虫，奈良公园不需要打扫小鹿粪便的人，也不需要打理草坪的人。如果要雇佣这些人的话，一年就要花费约100亿日元[2]，而这项支出都被节省了下来。感谢粪虫们！

1. 东大寺，位于日本奈良东部的奈良公园，距今有1200余年的历史，其中的大佛殿是当今全世界最大的木造建筑。
2. 100亿日元折合人民币，约为6亿元。

名　称：大雪隐金龟子
栖息地：东亚的森林、草地
体　型：体长16～22毫米

多亏了**粪虫**,
奈良公园每年可以节约100亿日元

多亏这些孩子们帮我吃掉,
我才能安心拉便便呀。

我们在吃小
鹿先生的便
便哦。

吧唧吧唧

蚯蚓的身体由几个体节组成。在一侧四分之一的位置附近有一个环带节，环带左右两侧较短的一截就是蚯蚓的头部。

蚯蚓的头部向前，通过身体不断伸长收缩的方式蠕动前进。看上去滑溜溜的蚯蚓，其实身体体节上的体毛十分旺盛。蚯蚓通过体毛拨开周围的土壤，向前蠕动。

虽说是体毛，但是与人类的体毛不同，蚯蚓的体毛更加短且硬，因此被称作刚毛。蚯蚓在刚毛的帮助下，能够拨开土壤前进，简直像穿上了钉子鞋一样。因此，蚯蚓的每一根体毛都大有用处哦。

其实蚯蚓的体毛十分旺盛

全身美容　脱毛

欢迎光临!

哼!

我才没有那么多毛要脱!

昆虫杂学

如果蚯蚓的身体被切断，那么连接头部的那一段可以再生，且恢复如初。但没有头部的下半身就无法再生了。

昆虫小课堂

在下正是**昆虫！**

头部

胸部

腹部

"结构大揭秘"

要点回顾：

✓ 昆虫属于节肢动物门。

✓ 昆虫的身体内部并没有骨骼，依靠坚硬的外骨骼支撑身体。

✓ 某些昆虫的腿和翅膀可能已经退化，所以并非所有昆虫都具有上述特征。

要点回顾:

✓ 无变态发育: 除大小以外, 幼虫和成虫的形态几乎完全一致。

✓ 不完全变态发育: 从幼虫直接发育为成虫。

✓ 完全变态发育: 幼虫会结成虫蛹, 之后变成与之前形态完全不一样的成虫。

要点回顾:

✓ 地球上超过 70% 的动物都是昆虫。

✓ 目前已知的昆虫种类就有 100 多万种。

✓ 昆虫不仅能够垂直向上飞行，还可以不受地形的

限制，飞到很远很远的地方。

昆虫知多少

 选择题

1. 蜜罐蚁最有可能生活在以下哪种地方?

    A. 湿地　　　B. 草原　　　　C. 树林　　　　　D. 沙漠

2. 蟋蟀的前侧耳朵长在＿＿＿＿＿外侧。

    A. 左前足和右前足　　　　　B. 左前足

    C. 右前足　　　　　　　　　D. 左后足和右后足

3. 蛙类是最喜欢水的＿＿＿＿＿。

    A. 两栖生物　　　　　　　　B. 哺乳动物

    C. 鱼类　　　　　　　　　　D. 鸟类

4. 蜗牛是＿＿＿＿＿动物的一员。

    A. 陆生贝壳类　　　　　　　B. 哺乳

    C. 鱼类　　　　　　　　　　D. 鸟类

5. 尖尾蚁生活在植物＿＿＿＿＿附近的巢穴里。

    A. 叶子　　　B. 经脉　　　C. 根部　　　　D. 果实

6. 蚯蚓的头部向前，通过身体不断＿＿＿＿＿的方式蠕动前进。

    A. 滑行　　　B. 伸长　　　C. 收缩　　　　D. 伸长收缩

7. 蝴蝶是通过前脚上旺盛发达的感知毛来感知什么的?

    A. 味道　　　B. 颜色　　　C. 光线　　　　D. 温度

8. 蝉的成虫有约_____的寿命。

    A.1 个星期 B.3 个星期   C.1 个月   D.1 年

9. 在中南美洲生活着一种胭脂虫，它以吸食哪种植物的汁液为生？

    A. 柳树   B. 仙人掌   C. 灌木   D. 杂草

10. 只需要 1 个月，1 只雌性蚜虫就能生产多少只后代？

    A.1 万只   B.2 万只   C.3 万只   D.4 万只

11. 蜘蛛网是由蜘蛛的哪个部位吐出的蛛丝编织而成的？

    A. 尾部   B. 头部   C. 腹部   D. 脚部

12. 雌蚊子只会在_____之前的一段时间内吸血。

    A. 繁殖期   B. 休眠期   C. 产卵期   D. 衰亡期

13. 犀牛蟑螂是少数生活在_____的蟑螂。

    A. 地面上   B. 水底下   C. 水面上   D. 地底下

14. 赤翅甲虫的前翅是什么颜色的？

    A. 纯红色   B. 纯绿色   C. 橘黄色   D. 纯黑色

15. 铁线虫是一种生活在_____的寄生虫。

    A. 水面   B. 土中   C. 叶面   D. 水中

16. 黄石蛉的虫蛹拥有宽大的_____。

    A. 钳子   B. 触角   C. 翅膀   D. 下颚

17. 不同种类的萤火虫发光的_____是不一样的。

    A. 程度   B. 频率   C. 速度   D. 颜色

18. 蜜蜂会聚集起来围攻大黄蜂，产生_____使其闷死。

    A. 毒气   B. 臭气   C. 热量   D. 毒素

19. 编织蚁会用幼虫吐出的_____来编织巢穴。

    A. 丝   B. 气泡   C. 分泌物   D. 黏液

20. 日本弓背蚁会在干枯的_____上挖洞筑巢。

    A. 树干　　　B. 树枝　　　　C. 树叶　　　　D. 草丛

21. 撒哈拉沙漠的昼夜温差有时超过_____。

    A.100 摄氏度　　　　　　　B.50 摄氏度

    C.20 摄氏度　　　　　　　 D.10 摄氏度

22. 爆炸蚂蚁通过什么方式来保卫巢穴？

    A. 排气　　　B. 逃跑　　　　C. 自爆　　　　D. 攻击

23. 头虱一旦离开人体，多长时间之内就会死亡？

    A. 几秒　　　B. 几分钟　　　C. 十几分钟　　D. 几天

24. 大龙虱可以通过_____的通气孔获取空气。

    A. 背部　　　B. 头部　　　　C. 翅膀　　　　D. 尾巴

25. 雄性蚊蝎蛉会将捕获的猎物用_____黏合固定，作为礼物献给雌性蚊蝎蛉。

    A. 分泌物　　B. 唾液　　　　C. 泥巴　　　　D. 水

26. 水龟的脚尖密密麻麻地长着极细的毛，可以储存_____。

    A. 空气　　　B. 液体　　　　C. 分泌物　　　D. 食物

27. 一只蜜蜂穷尽一生采集到的蜜只有极少的量，差不多正好_____。

    A. 一勺　　　B. 一杯　　　　C. 一碗　　　　D. 一桶

28. 大多数蝎子一旦接触到月光中的_____，身体就会发光。

    A. 温度　　　B. 紫外线　　　C. 热量　　　　D. 射线

29. 对于独角仙的幼虫来说，最好的食物是什么呢？

    A. 牛粪　　　B. 蚂蚁　　　　C. 植物　　　　D. 泥土

30. 虫粪叶虫的幼虫会将自己拉出的便便制作成什么形状？

    A. 球状　　　B. 方块状　　　C. 条状　　　　D. 胶囊状

31. 下列昆虫中谁是大块头？
　　A. 螳螂　　　B. 蚂蚁　　　C. 雌性扁竹节虫　D. 蝗虫

32. 柑橘凤蝶幼虫被生下来后，体表的花纹是什么样子的？
　　A. 红黑斑点　　　　　　　B. 红黄斑点
　　C. 黑白斑点　　　　　　　D. 黄绿斑点

33. 小龙虾的口器上方有 2 个触角腺孔，用于向前方喷射_____。
　　A. 尿液　　　B. 粪便　　　C. 眼泪　　　D. 口水

34. 西瓜虫最有可能生活在以下哪种地方？
　　A. 石头底下　B. 草坪上　　C. 树叶上　　　D. 马路上

35. 蜗牛通过收缩_____，使腹部上的肌肉像波浪一样滚动，从而帮助身体前进。
　　A. 肚子　　　B. 腹足　　　C. 肌肉　　　D. 皮肤

36. 塔兰图拉毒蛛真正的武器是它们尾部茂盛的_____。
　　A. 指甲　　　B. 爪子　　　C. 绒毛　　　D. 刚毛

填空题

1. 昆虫的身体被一层_____包裹着。

2. 蜜罐蚁的食物是蚜虫等动物提供的富含_____的蜜露。

3. 火蚁中的工蚁一天似乎要打盹_____次，一次打盹时长是_____分钟左右！

4. 蚁后平均每天的睡眠时间是_____小时。

5. 粉蚧被称为"_____"。

6. 到了秋天，雄性蟋蟀就会发出"_____"的鸣叫声。

7. 长脚胡蜂还有一个名字, 叫 "_____"。

8. 两根长长地伸出来的触角的顶端是蜗牛的_____。

9. 雄性锹形虫的左右两侧拥有_____的下颚, 而雌性锹形虫的下颚则_____。

10. 大雪隐金龟子也属于_____的一种。

11. 螳螂有对在_____发起攻击的习性。

12. 蚯蚓的体毛更加短且硬, 因此被称作_____。

13. 实验表明, 黄刺蛾的前蛹在零下 183 摄氏度的环境下, 还能存活_____。

14. 有的昆虫为了保护身体不被鸟类等天敌袭击, 能够将身体伪装成周围的树枝、树叶等形态。这种行为被称为_____。

15. 蝉的幼虫会在地下蛰伏_____。

16. 非洲大陆上生活着的一种非洲蝉被称作 "_____"。

17. 雄蚊子和不产卵的雌蚊子, 它们的主食居然是_____、_____和_____。

18. 昆虫中种类最多, 也就是最繁荣、"派系" 最庞大的是包括_____、_____和_____等在内的鞘翅目 (甲虫)。

19. 雄性赤翅甲虫会吃一些带有芫菁毒素的昆虫, 如_____。

20. 蜜蜂中的蜂后负责_____, 工蜂负责_____。

21. 把其他的生物当作宿主, 进入生物体内生活的行为被称为_____。

22. 大黄蜂在 45 摄氏度的温度下就会死亡, 而蜜蜂可以忍受_____的高温。

23. 大多数昆虫根据种类的不同都有固定的蜕皮次数。例如, 独角仙的幼虫会蜕皮_____，菜粉蝶的幼虫会蜕皮_____。

24. 头虱会附在人类的头发上，靠吸食人类头皮中的_____存活。

25. 灶马虽然没有翅膀，但拥有一对发达的_____。

26. 维多利亚鸟翼凤蝶在张开翅膀的情况下，能超过_____。

27. 弹尾虫生活在土里，以_____等为食。

28. 东方大黄蜂的腹部有着黄色的条纹，而在那条纹里隐藏着令人惊叹的秘密——_____。

29. 窃蠹虫会用头部不断敲击人类家中的柱子等东西，发出"_____"的声音。

30. 蚁蛉幼虫在成虫之前不会_____。

31. 雄性扁竹节虫的身体只有雌性扁竹节虫的_____大小。

32. 蝴蝶最喜欢的食物是_____。

33. 柑橘凤蝶幼虫主要食用蜜柑等柑橘类植物的_____。

34. 鱼是用嘴巴吸水，过滤后通过_____排出的，小龙虾是用胸部以下吸入水，然后用_____排出。

35. 为了减少摩擦力便于前行，蜗牛的身体会分泌出一种_____。

37. 到了晚上，有的蚯蚓会从地底下伸出尾部，开始轰轰烈烈地排便，并把便便堆积成"_____"。

判断题

1. 母螳螂的体型比公螳螂小。   （   ）

注意这个孔洞

2. 当很久不下雨，地下水减少时，储水蛙就会分泌一种黏黏糊糊的液体包裹住身体，防止变干燥。　　　　　　　　　　（　　）

3. 蜗牛的触角断了就长不回来了。　　　　　　　　　　（　　）

4. 有些锹形虫十分罕见地以身体中心为界，与生俱来同时拥有雄性特征和雌性特征的下颚。　　　　　　　　　　　　　　（　　）

5. 大多数象鼻虫类昆虫的身体都十分坚硬。　　　　　　（　　）

6. 蚯蚓的头部在环带节左右两侧较长的一截。　　　　　（　　）

7. 雌性胭脂虫体内含有色素，将其干燥以后，就能当作白色的染色剂使用。　　　　　　　　　　　　　　　　　　　　　　（　　）

8. 雌性蚜虫能够不交尾就繁衍后代。　　　　　　　　　（　　）

9. 蜘蛛吐出的丝有两种。只有呈圆形构造的横向蛛丝是具有黏性的，而从中心往外部延伸的竖直状蛛丝是没有黏性的。　　　　（　　）

10. 只有雄蚊子才会吸血。　　　　　　　　　　　　　（　　）

11. 生活在澳大利亚的犀牛蟑螂是世界上最大的蟑螂品种之一。（　　）

12. 雌性遮盖毛蚁会袭击日本毛蚁的蚁巢，并成为蚁后。（　　）

13. 螳螂的同类会将身体伪装成周围植物的样子，从而捕获蝴蝶、蜂等昆虫。　　　　　　　　　　　　　　　　　　　　　（　　）

14. 萤火虫会根据发光的频率来分辨同类，并与之交尾。（　　）

15. 鳞蛉幼虫会喷出一种臭气麻痹白蚁。　　　　　　　（　　）

16. 非变态发育的昆虫一生必须通过蜕皮成长，才能使身体变大。
　　　　　　　　　　　　　　　　　　　　　　　　（　　）

17. 撒哈拉银蚁体表覆盖着用来散热的体毛，以此抵御低温。（　　）

18. 蚁狮是蚁蛉的幼虫。 （　）

19. 随着人类的进化，人类身体上的毛发越来越多。 （　）

20. 独角仙的体表覆盖着一层坚硬的外壳，但是一旦外壳受到创伤，就无法恢复了。 （　）

21. "银蜻蜓"从头部到胸部都是显眼的黄绿色，而尾部往后则是白色的。

22. 东京达摩蛙可以沿着水沟的墙壁攀爬。 （　）

23. 一旦感觉到敌人靠近，象鼻虫会翻身，然后六脚朝上，一动不动。 （　）

24. 在初雪即将来临之前，雪虫会像纷纷飘舞的雪花一样飞来飞去。 （　）

25. 天蚕蛾幼虫食用柞树的树叶后拉出的便便，居然是盛开的花朵的形状。 （　）

26. 柑橘凤蝶幼虫的便便就像是柑橘叶子的浓缩物一样，闻起来有种臭气。 （　）

27. 西瓜虫拉的便便是球状的。 （　）

28. 有肺类蜗牛是一种同时拥有雌性特征和雄性特征的雌雄同体的生物。 （　）

29. 雨蛙可以将肚皮浸到水里，或者用肚皮紧贴湿润的土地，这样来为身体补充水分。 （　）

30. 三角枯叶蛙的体长虽然只有 7 厘米左右，却能拉出 8 厘米长的便便。 （　）

填图题

1. 蚯蚓的身体上有一些器官，请在图中标出一只蚯蚓拥有多少个该类器官吧！

2. 你知道下面的图中，哪个是雄性锹形虫，哪个是雌性锹形虫吗？还有一只是什么呢？在图中标标看吧！

3. 你知道蝴蝶和飞蛾有什么区别吗？请在图中标标看吧！

4. 嗜睡摇蚊会化身为"木乃伊"，等待复活时机。你知道它们是怎样"复活"的吗？请将图片中的关键词补充完整吧！

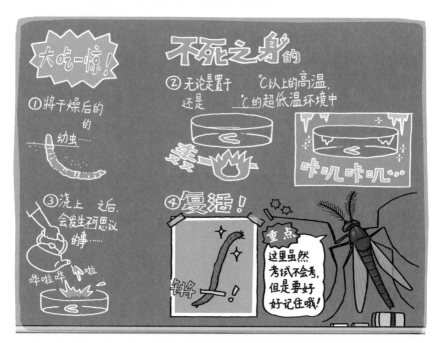

5. 你知道这些昆虫分别有多少种吗？请在图中标出对应的数量吧！

鞘翅目 _____万种

膜翅目　双翅目　鳞翅目

各有___万~___万种

6. 你知道杀害人类的生物排行榜上前三名分别是谁吗？请填填看。

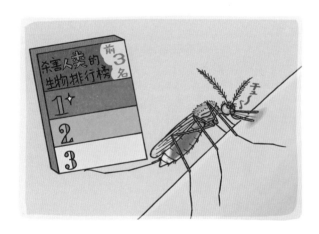

7. 你知道这些昆虫叫什么名字吗？请标标看。

_____　_____　_____　_____

8. 鼠妇如果碰到墙壁的话，经常会有规律地前进。你能在图中标出鼠妇的前进路线吗？

9. 社会性昆虫家族的分工十分明确，成员们各司其职。你知道下图中的成员分别是什么身份吗？它们各自守护着什么地方呢？请在图中标标看。

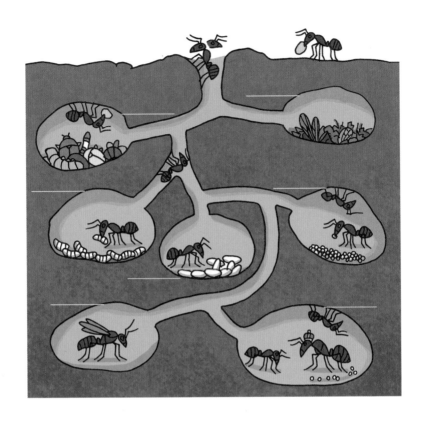

请扫描下面的二维码，关注"阳光知识漫"公众号，查看题目答案，也欢迎大家给我们留言。

有些 巨蚯蚓 有7～9个心脏

蚯蚓虽然有嘴巴，但是没有眼睛和耳朵，当然也没有脚。然而，有一样东西蚯蚓比人类多，那就是心脏。

蚯蚓的种类不同，其特性也有所不同。在一种名为巨蚯蚓的蚯蚓身体中，竟然有7～9个心脏。不过，蚯蚓的心脏构造并不复杂，只是横向的粗血管，蚯蚓通过收缩和扩张心脏，就可以向全身输送血液。这样的身体构造真是特别呀！

另外，蚯蚓有嘴巴，却没有肺部，因此它们不是用嘴巴呼吸，而是通过皮肤呼吸，来吸收外界的氧气。

名　称：巨蚯蚓类
栖息地：亚洲、澳大利亚的森林和草地
体　型：体长100～250毫米

黄刺蛾的前蛹（成蛹前的形态）因为冬天特别耐寒而广为人知。

虫茧结结实实地包裹着前蛹，起到了防寒服的作用。并且，前蛹本身可以将体内储存着的营养物质转化成不容易结冰的液体，所以，即使在零下20摄氏度，也不会被冻住。在更加低温的环境中，即便身体内细胞周围的体液被冻住，细胞本身也会将细胞液排出体外，而不会被冻住。

实验表明，黄刺蛾的前蛹在零下183摄氏度的环境下，还能存活70天。如此强大的耐寒能力，真是让人羡慕啊。

黄刺蛾

超级耐寒，怎么也冻不死的

我住在虫茧里的时候，可是超级不怕冻的哦。

名　称：黄刺蛾
栖息地：西伯利亚东南部到东亚的森林
体　型：前翅长10～15毫米

蝴蝶
用来感知味觉的部位是脚

太好吃啦!

说到蝴蝶,总会让人想到在花丛中飞来飞去、采集花蜜的情形。但是,蝴蝶有时也会停留在叶子上。这时的蝴蝶在干什么呢?其实,蝴蝶正在品尝叶子的味道。

蝴蝶是通过前脚上旺盛发达的感知毛来感知味道的。蝴蝶通过感知毛找寻适合幼虫食用的叶子,并在叶子上产卵。这样一来,如果幼虫顺利地从虫卵中孵化出来,就能马上吃到美味的叶子,然后渐渐长大。

当然,蝴蝶也是通过脚来享用甜甜的花蜜的。用脚品尝花蜜,看来蝴蝶还是花蜜鉴赏师呢。

昆虫杂学

　一般昆虫都有6条腿,但是有一种叫木叶蝶的蝴蝶,它们的2条前腿已经退化,因此看上去只有4条腿。

有的昆虫为了保护身体不被鸟类等天敌袭击,能够将身体伪装成周围的树枝、树叶等形态。这种行为被称为拟态。然而,这种手段只能骗过用眼睛搜寻猎物的天敌,遇到用气味搜寻猎物的天敌时,很遗憾,它们的伪装是无法奏效的。

但是,大鸢尺蠖蛾的尺蠖虫(幼虫)是无论外形还是内在,都能随心所欲变化的名"虫"!尺蠖虫会食用它想要"模仿"的植物叶子,然后使身体表面的成分都变得与食用的树叶一模一样。这样一来,即使是碰到依靠气味搜寻猎物的天敌,也能够瞒天过海。

不仅如此,蜕皮后的尺蠖虫食用别的植物后,还能接着变身成另一种植物。不愧是变身达人啊!

有些**尺蠖虫**可以
从内而外伪装成树枝

……

喜欢吃尺蠖虫。

你喜欢吃什么食物?

名　称:大鸢尺蠖蛾
栖息地:东亚的森林
体　型:体长70～90毫米 (幼虫)

蝴蝶与飞蛾
之间的差异尚未明确

我是蝴蝶，我体内有毒素哦！

我是飞蛾，我在白天活动。

　　蝴蝶和飞蛾的双翅上都附有鳞粉状的绒毛，都有像吸管一样的口器，外形十分相近。

　　那么，有没有从外形上分辨它们的方法呢？比如有人会说，在白天活动、停驻时合拢翅膀的是蝴蝶；在夜间活动、停留时张开翅膀的是飞蛾……但是，也有飞蛾在白天活动，所以让人忍不住觉得"到底是蝴蝶还是飞蛾"的例外情况还有很多。

　　蝴蝶和飞蛾本身都是属于鳞翅目的昆虫，很难明确地区分种类。明明数量上飞蛾比蝴蝶要多得多，却同被分类到"蝴蝶目"[1]里，想想还有点可怜呢。

1.鳞翅目，学名"Lepidoptera"，日语中以蝴蝶为先，所以又称"蝴蝶目"。

昆虫杂学
　　鳞粉能够防雨防水，避免翅膀被淋湿，还能够调节体温，具有多种用途。但是，鳞粉一旦脱落，便不可再生。

人们常说蝉只能存活一周，并以此来形容短暂无常的生命。其实，人们指的是蝉成虫后存活的时间，实际上，蝉的成虫有接近1个月的寿命。而在此之前，蝉的幼虫也会在地下蛰伏2~7年，这么说来，蝉其实是一种很长寿的昆虫了。

其中，在北美洲生活着一种更加长寿的蝉，它们居然要在地下蛰伏16年，到第17年才成为成虫。这种蝉也因此被称为"十七年蝉"。如此漫长的幼虫期，实属惊人！

数十亿只成虫一起钻出地面，互相交尾后产卵，然后死亡。这些蝉在17年间只有一次现身机会，就好像一瞬而逝的流星一样。

十七年蝉

经过17年才出现在地面

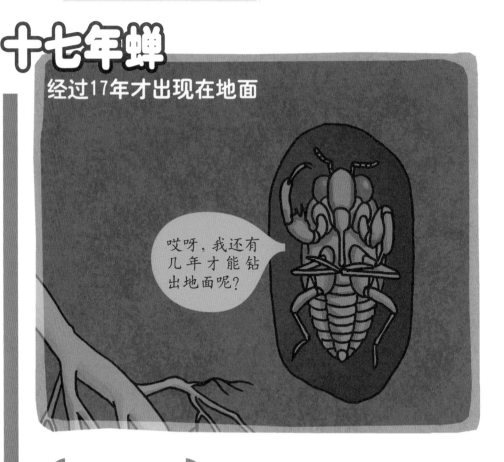

名　　称：十七年蝉
栖息地：北美洲的森林
体　　型：体长20~25毫米

世界上最吵的蝉，发出的声音相当于飞机的引擎音

到了夏天，到处能听到蝉的鸣叫声，这是雄蝉在召唤雌蝉。雄蝉总是奋力地发出尖锐的声响来吸引雌蝉。虽然很吵，但是如果把它当作恋爱的甜言蜜语，是不是会觉得挺浪漫的呢？

此外，有些蝉发出的声音实在是过于刺耳，让人不得不堵住双耳才行。非洲大陆上生活着的一种非洲蝉被称作"世界上最吵的蝉"，它的鸣叫声即使相隔400米远也能听到。这种程度的噪声几乎等同于飞机上的引擎音，跟恋爱中的甜言蜜语简直毫不相干了吧。

名　称：非洲蝉
栖息地：非洲的森林
体　型：体长25毫米

虽然食用昆虫并不是一件稀奇事，但是人类有时候会在自己意识不到的情况下误食昆虫。

在中南美洲生活着一种胭脂虫，它以吸食仙人掌汁液为生。雌性胭脂虫体内含有色素，将其干燥以后，就能当作红色的染色剂使用。这种染色剂成分十分安全，是可食用的。生活中常见的火腿、香肠、鱼糕等食物里有些就使用了这种染色剂。另外，不仅是食物，它也被用在口红等化妆品中。

从美食到美妆，形形色色的事物通过雌性胭脂虫染上红色或粉色。我们受惠良多，所以千万不能因为它是虫子而嫌弃它哦！

名　称：胭脂虫
栖息地：中南美洲的仙人掌地
体　型：体长1.5～3毫米

胭脂虫
可以被用作染料

白蚁寄生蝇是苍蝇的同类。它们自己从来不寻找食物，总是占其他昆虫的便宜。啧啧，真是厚颜无耻啊！

一般的昆虫成虫以后，基本不会再改变形态了，但是白蚁寄生蝇不同。白蚁寄生蝇成虫之后就会飞到白蚁的蚁巢中，因为入侵蚁巢之后就再也不需要飞行了，所以它们的翅膀会退化脱落。不久，它们的腹部会鼓起，头部伸长，腿部变粗……随着这一系列的变化，白蚁寄生蝇将自己伪装成了白蚁幼虫的样子。这样就可以让白蚁误以为自己是白蚁的幼虫宝宝，并且得到照顾。还真是喜欢占便宜的家伙啊！

能伪装成白蚁幼虫的

白蚁寄生蝇

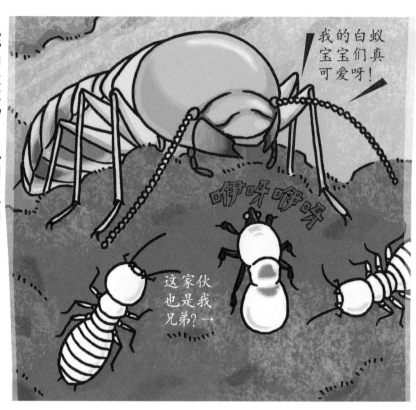

名　称：白蚁寄生蝇类
栖息地：非洲、东亚的森林和热带草原
体　型：体长2~3毫米

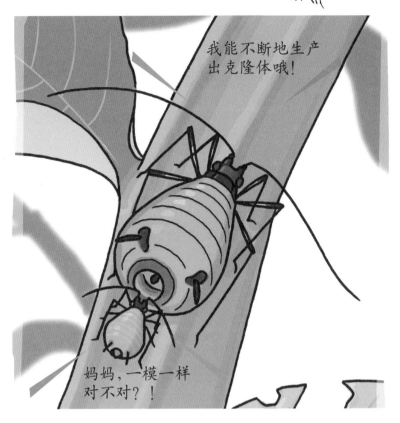

雌性蚜虫

自己就能生出 2 万只蚜虫宝宝

我能不断地生产出克隆体哦！

妈妈，一模一样对不对？！

　　早春时节，蚜虫不断地繁殖增多，我们会见到很多的蚜虫聚集在植物上。事实上，这个季节里只会出现雌性蚜虫。那为什么蚜虫数量能够不断增长呢？

　　这是因为雌性蚜虫居然能够不交尾就繁衍后代。它们能够生产出跟自己基因一模一样的克隆体，并且，在生出女儿的同时，连孙女也已经有了，简直就像俄罗斯套娃一样。按照这种方式繁殖，只需要1个月，1只雌性蚜虫就能生产2万只后代。

　　但是，只有虫卵才能熬过冬天，因此到了秋天，蚜虫开始产出雄性幼虫，雄性和雌性进行交尾后，雌性就开始产卵，留下虫卵过冬。

昆虫杂学

　　雄性蚜虫只在秋天才能出生，与雌性蚜虫相比，雄性牙虫的数量极少。另外，雌性蚜虫与雄性蚜虫交尾后留下的虫卵孵化后，也全部是雌性。

摇蚊是蚊子的亲戚，在世界上共有约15000种。摇蚊的幼虫必须生活在水中，离开水源就会死亡。然而，生活在非洲干燥地区的嗜睡摇蚊则是唯一的特例。

干燥季节里水分蒸发，嗜睡摇蚊的幼虫也会脱水，变成像木乃伊一样干巴巴的样子。但是，它们并没有死亡。嗜睡摇蚊的幼虫会保持"木乃伊"的状态，等待降水。一旦获取水分，它们就会复活并且恢复原状。有实验发现，有些嗜睡摇蚊的幼虫即使经过17年的干燥期，仍能够"复活"。

如果时间不长的话，嗜睡摇蚊还能够忍受100摄氏度以上的高温和零下270摄氏度的低温。变成"木乃伊"的嗜睡摇蚊，难道拥有不死之身吗？！

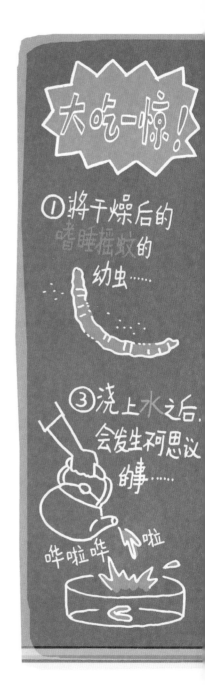

大吃一惊！

①将干燥后的嗜睡摇蚊的幼虫……

③浇上水之后，会发生不可思议的事……

哗啦哗啦

名　称：嗜睡摇蚊
栖息地：非洲的干燥地区
体　型：体长7～10毫米（幼虫）

嗜睡摇蚊 会
化身为"木乃伊"，等待复活时机

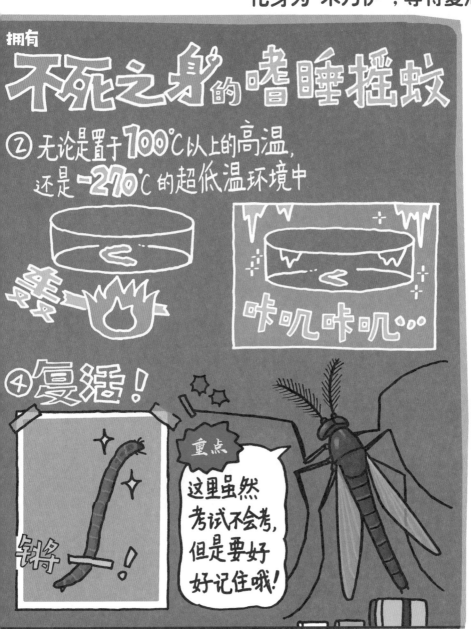

拥有

不死之身 的 嗜睡摇蚊

② 无论是置于 100℃ 以上的高温，还是 -270℃ 的超低温环境中

烤～

咔叽咔叽…

④ 复活！

锵—！

重点

这里虽然考试不会考，但是要好好记住哦！

你知道吗？在各个角落随处可见的蜘蛛网是由蜘蛛尾部吐出的蛛丝编织而成的。撞上蜘蛛网后无法动弹的小动物会成为蜘蛛的猎物，被蜘蛛捕获吃掉。

但是，蜘蛛自己也要在蜘蛛网上行走，为什么它不会被粘住呢？这是因为蜘蛛吐出的丝有两种。只有呈圆形构造的横向蛛丝是具有黏性的，而从中心往外部延伸的竖直状蛛丝是没有黏性的。蜘蛛在蜘蛛网上移动的时候，只会踩在竖直状的蛛丝上，十分灵巧地自由活动。粗心大意到在自家的蜘蛛网上被缠住而无法动弹的蜘蛛，的确是不存在的。

蜘蛛

在蜘蛛网上也能活动自如的

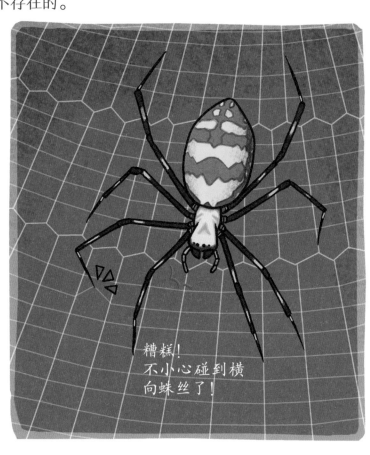

糟糕！
不小心碰到横向蛛丝了！

昆虫杂学

　　一般蜘蛛编织的蜘蛛网都是规整漂亮的，但是把咖啡喂给蜘蛛后，蜘蛛也会像醉酒了一样，织出歪歪扭扭、不成形状的蜘蛛网。

我们可不是光吸血的哟！

蚊子的食物是花蜜

提起蚊子，就会想起它们一边发出"嗡嗡嗡"的刺耳声音，一边扇动翅膀靠近人类、吸食血液的情形。被蚊子叮咬之后皮肤会瘙痒，加上夏日暑气炎炎，蚊子确实是使人感到特别烦躁的昆虫代表。但是事实上，只有雌蚊子才会吸血。并且，它们只会在产卵期之前的一段时间内吸血。为了给肚子里的卵提供营养，含蛋白质丰富的血是必不可少的。

雄蚊子和不产卵的雌蚊子，它们的主食居然是花蜜、树液和水果中的糖分。每当夜晚，它们就会寻找这些食物，然后大口吸食。话虽如此，就算它们不吸血也会被当作蚊虫驱赶，对于雄蚊子来说，这可真是无妄之灾呀。

昆虫杂学

蚊子会被人类呼出的二氧化碳、流出的汗液的味道所吸引，因此人运动过后更容易被蚊子叮咬。另外，不知何种原因，蚊子似乎尤其偏好O型血。

生活在澳大利亚的犀牛蟑螂是世界上最大的蟑螂品种之一。它们还会被人类当作宠物饲养，受到许多人的喜爱。

不过，犀牛蟑螂的长相可跟传统蟑螂的形象相去甚远。犀牛蟑螂看上去很像西瓜虫，动作迟缓，翅膀也早已退化，无法飞行。而且，与一般蟑螂不同的是，犀牛蟑螂是少数生活在地底下的蟑螂。它们时而为幼虫搬来食物，时而抵御天敌的入侵。也许正是这些勇敢、奋不顾身的行为，才使得它们如此受欢迎吧。

由于犀牛蟑螂繁衍缓慢，一只常常标价数百元，可谓价格不菲哦！

有些**蟑螂**可以当宠物养

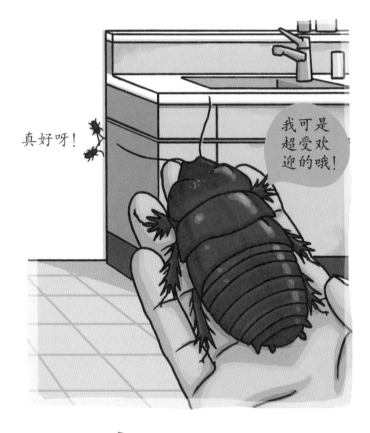

真好呀！

我可是超受欢迎的哦！

名　称：犀牛蟑螂
栖息地：澳大利亚的热带草原
体　型：体长80毫米

大多数**蟑螂**不生活在人类家中

　　如果在家中偶然发现一只蟑螂,人们通常会忍不住惊声尖叫——蟑螂就是如此令人厌恶的昆虫。油光闪闪的翅膀和飞快的移动速度等,蟑螂身上充满了许多令人恶心和不舒服的特征。因此,人们想要消灭蟑螂也是理所当然的。

　　话虽如此,如果因此就痛恨所有蟑螂的话,蟑螂也有点委屈哦。毕竟,世界上有4000余种类型的蟑螂,生活在人类家中的只是其中极少的一部分。大多数蟑螂都生活在森林的落叶堆里,或者腐烂的树干中。在日本的森林中生活着的日本大蠊,就被认为是美好自然环境得到保护的象征。所以说,请不要一听到蟑螂的名字就觉得讨厌哦。

名　称:日本大蠊
栖息地:中国台湾和日本的本州、九州等地区的森林
体　型:体长40~45毫米

一对坚硬的前翅
是我的骄傲哟!

昆虫界中
派系最大的
是甲虫

这个
超厉害!!

现在,我们已知的昆虫大约有100万种。按照"目"的级别分类则有25～30种。

昆虫中种类最多,也就是最繁荣、"派系"最庞大的是包括独角仙、天牛和锹形虫等在内的鞘翅目(甲虫)。目前为止,世界上已知有大约37万种甲虫。它们的体表往往长着一对坚硬厚实的前翅。正是由于拥有这样如同铠甲一般的前翅,甲虫得以在残酷的气候条件下,在天敌们的捕猎中保护自己。并且,在各种各样的环境中存活下来,在全世界范围内繁衍生息。的确,甲虫在我们身边也随处可见呢。例如,金龟子、瓢虫……

另外,排在甲虫之后,种类较多的、比较大的"目"有三种。这

约有37万种哦!

我们甲虫种类最多!

鞘翅目 37万种

我们常见于各种植物间。

我们很擅长飞行!

我们组建了家族社会哦!

膜翅目

双翅目

鳞翅目

各有15万~16万种

三种目包含的昆虫特别常见,估计你也能猜出来吧! 它们分别是膜翅目(蜂、蚁)、双翅目(蚊、蝇)和鳞翅目(蝶、蛾),各有15万~16万种。

膜翅目里的昆虫会构建家族社会,大家分工合作,共同生活;双翅目中的昆虫十分擅长飞行;鳞翅目的昆虫会飞到各种各样的植物附近生活。

这四种"目"具有的共同点是,每一种昆虫的发育方式都是完全变态。正是由于它们都能够通过完全变态的方式完成进化,才能够成为如今在昆虫界蓬勃发展的"精英虫"呀。

奇妙又恐怖的昆虫故事

　　人类社会中会存在不少骇人听闻的现象，昆虫世界也是如此。

　　为了在自然环境中顺利存活下去并留下子孙后代，有些昆虫有时会做出无情无义的举动。

　　本章就从这里开始，为大家介绍一下关于这些昆虫的"吓人"的小故事吧！

自然界可不是那么好混的地方哟！

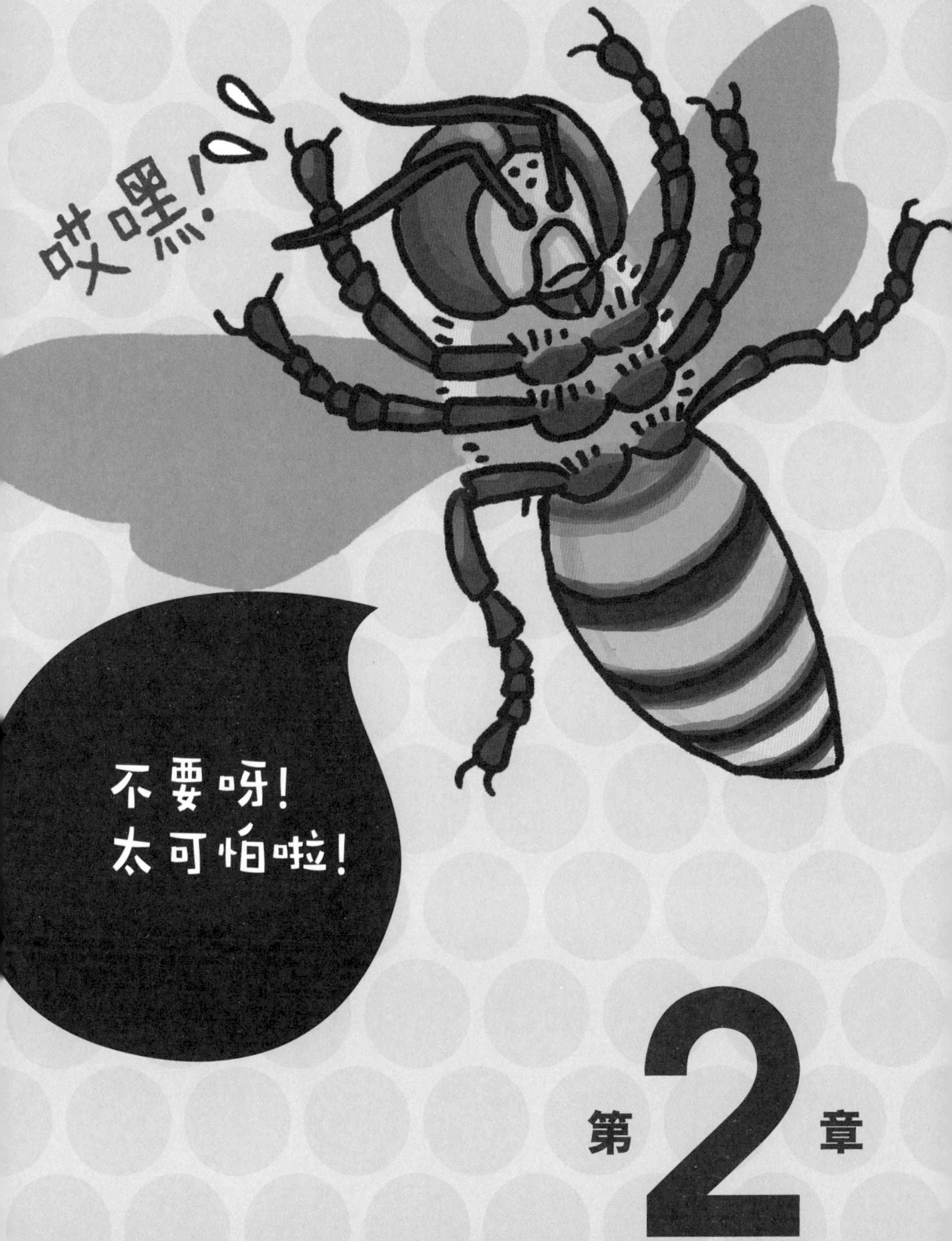

第2章

武士蚁的工蚁既不出门寻找食物，也不照顾蚁后和幼虫。但表面上好像一事无成的武士蚁，其实是抓捕"奴隶"的一把好手。

武士蚁长着尖锐的上颚，因为实在是太大了，不适合收集食物，反而特别适合搬运虫茧和幼虫。因此，武士蚁常常会大规模攻击黑山蚁的巢穴，把黑山蚁的虫茧、幼虫都叼走，搬运到自己的巢穴中，奴役它们替自己干活。

被带走的幼虫们会被交给早已成为奴隶的蚂蚁们抚养，等到它们慢慢长大后，也将成为新的奴隶去照顾武士蚁。由于这些奴隶们在幼虫时期就被带走了，因此它们会把武士蚁的巢当作自己的家，心甘情愿地不停工作。

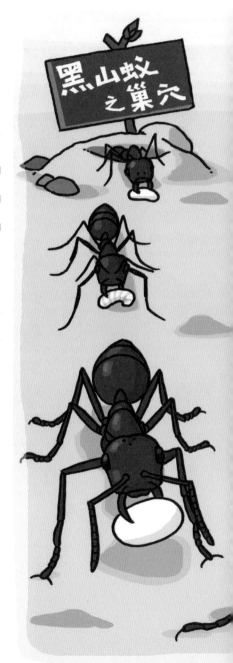

名　称：武士蚁
栖息地：东亚的平地
体　型：体长5毫米（工蚁）

武士蚁将
其他种类的蚂蚁当成奴隶伺候自己

对于生活在北美洲干燥地区的北美无毛凹臭蚁来说，可以当作食物的蜜露十分珍贵，这种蜜露是由蚜虫分泌的。因为体型大上数倍的蜜罐蚁也生活在这里，所以，北美无毛凹臭蚁获取食物就更加困难了。

然而，在争夺食物上，北美无毛凹臭蚁有一个秘密武器是蜜罐蚁没有的。当北美无毛凹臭蚁袭击蜜罐蚁的巢穴时，它们会从肚子里"噗咻"一声释放出一种化学物质。蜜罐蚁十分厌恶这种化学物质，被攻击后便一动不动，在这期间北美无毛凹臭蚁就可以将蜜罐蚁的食物据为己有。被击中后就动弹不得，这"武器"就像是催泪弹一样呢。

北美无毛凹臭蚁会
用"催泪弹"攻击竞争对手

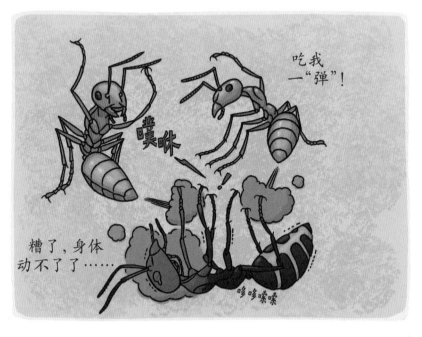

吃我一"弹"！

噗咻

糟了，身体动不了了……

哆哆嗦嗦

名　称：北美无毛凹臭蚁
栖息地：北美洲的干燥地区
体　型：体长2毫米（工蚁）

遮盖毛蚁－旦
攻占巢穴失败就会落入悲惨境地

　　雌性遮盖毛蚁会袭击日本毛蚁的蚁巢，并成为蚁后。它们的"称王之路"从接近蚁巢、攻击工蚁开始。由于蚂蚁之间是通过气味分辨同伴的，所以遮盖毛蚁首先会让自己的身体沾上工蚁的气味，从而伪装成日本毛蚁的同伴混入蚁巢。之后，遮盖毛蚁会杀掉日本毛蚁的蚁后，完完全全地取而代之。

　　话虽如此，攻占巢穴的成功率其实是很低的，大多数的遮盖毛蚁还没爬到蚁后的身边就已经累晕过去了。并且，一旦外敌的身份暴露，遮盖毛蚁就会被杀掉，或者会被工蚁绑住所有的腿而无法动弹，最后被施以极刑。在蚂蚁的世界里，攻城略地也是要赌上性命的呀。

名　　称：遮盖毛蚁
栖息地：北美洲、欧洲和东亚的草地
体　　型：体长8毫米（工蚁）

赤翅甲虫的前翅是引人注目的纯红色。雄性赤翅甲虫会吃一些带有芫菁毒素的昆虫，如芫菁甲虫。不过，赤翅甲虫并不会受这种毒素影响，反而会将芫菁毒素在自己的身体里储存起来。

这样一来，雄性赤翅甲虫能够从自己头部的沟中分泌出芫菁毒素，并且把它当作礼物献给雌性，与雌性交尾。雌性会在收到的毒素中产卵，这样就能保护赤翅甲虫的虫卵免受瓢虫幼虫等虫卵天敌的攻击和伤害。

为了保护虫卵而"献毒"，这种甲虫示好的方式还真是另类呀！

赤翅甲虫会
把毒素当作礼物送给雌性甲虫

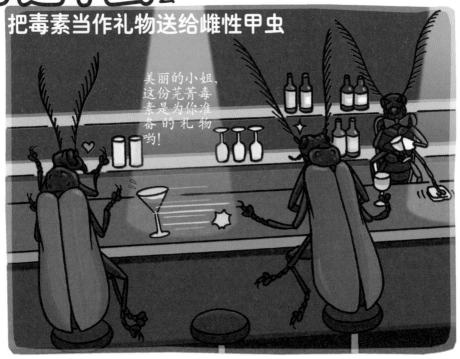

美丽的小姐，这份芫菁毒素是为你准备的礼物哟！

名　称：赤翅甲虫类
栖息地：世界各地的森林
体　型：体长10～20毫米

切叶蚁会在蚁巢中的菌园里种植真菌吃。真菌的肥料是切叶蚁们收集的植物叶子,叶子的营养被全部吸收后,就会累积成大量的垃圾。

因此,切叶蚁会在蚁巢内外设置垃圾场。在它们的垃圾场里,除了用过的废叶子以外,还混杂着切叶蚁的尸体。这是因为尸体会产生有害细菌,所以会被扔到垃圾场中存放。

但是,令人吃惊的是,切叶蚁是在临死前最虚弱的时候,被扔到垃圾场中的!虽说是为了保护蚁巢,但是一想到它们把还活着的同伴直接扔进垃圾场,就忍不住瑟瑟发抖呀。

昆虫杂学

切叶蚁的垃圾场里,充满了对蚂蚁有害的细菌和化学物质,是十分危险的场所。因此,一般由年长的蚂蚁负责"扔垃圾"。

有的昆虫会寄居在蚂蚁的巢穴中，食用蚂蚁的食物残渣或者蚂蚁的尸体，一边充当"清洁工"的角色，一边与蚂蚁们共同生活。一般，这些昆虫的数量会少于蚁巢中蚂蚁数量的几千分之一。

但是，在膨胸举腹蚁的蚁巢中，寄居着的汤本蟑螂居然占到整体生物数量的五分之一这么多！汤本蟑螂使自己身体沾上蚂蚁的气味，让蚂蚁误以为自己是同伴，从而巧妙地混入其中。换句话说，在一起生活着的10个家人中就有2个是陌生人假扮的。虽说寄居者也在帮忙清洁打扫，但一想到蚂蚁无法发现寄居者的存在，真是让人不寒而栗啊。

汤本蟑螂[1] 会
成群结队地跑到蚂蚁家中混吃混喝

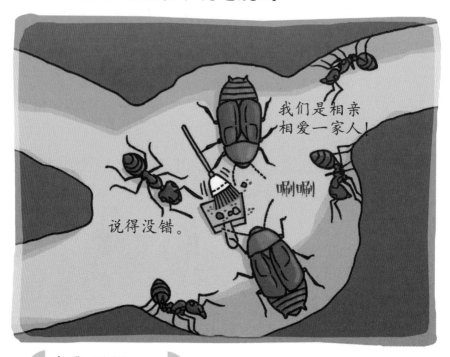

名　　称：汤本蟑螂
栖息地：东南亚热带雨林
体　　型：体长5毫米

1.根据其发现者，日本植物生态学者、京都大学汤本贵和教授的姓氏命名。

埋葬虫会埋葬小动物们的尸体

是新鲜的尸体呢，看上去好好吃呀！

让我们把你埋葬了吧！
(不过之后会吃掉你哦。)

鼹鼠之墓

在昆虫的世界里，小动物的尸体是一种营养丰富的食物来源，特别是对于专门吃小动物尸体的埋葬虫来说，更是重要的美味佳肴。

被小动物尸体的气味吸引前来的雄性和雌性埋葬虫，为了不让食物被其他昆虫夺走，会共同行动将尸体埋进地下。正是由于这种将尸体埋葬到土壤里的行为，使它们被称作"埋葬虫"。

埋葬虫中的"斑纹埋葬虫"，会将埋藏起来的小动物尸体"搓"成圆滚滚的"肉团子"，然后在上面产卵。等到幼虫孵出来后，斑纹埋葬虫会嘴对嘴地把肉团子当作食物喂给幼虫……

名　　称：橙斑埋葬虫类
栖息地：世界各地的森林
体　型：体长20毫米

螳螂的同类会将身体伪装成周围植物的样子，从而捕获蝴蝶、蜂等昆虫。其中，花螳螂的幼虫，可以说是捕猎蜜蜂的黄金猎手。

顾名思义，花螳螂的幼虫长得就像花朵一样。不仅如此，它还会释放一种它们的猎物——蜜蜂——最喜欢的味道。并且，大多数昆虫都能看见人眼看不见的紫外线，所以在昆虫眼里，花螳螂的身体颜色看起来就是花朵的颜色。因此，当蜜蜂把花螳螂幼虫当作花朵想要靠近采蜜时，就会被当作猎物捕获。对于蜜蜂来说，这实在是可怕的陷阱啊。

不过，花螳螂长大为成虫以后，身体颜色和形态都会变化，渐渐地，用这种方式捕获猎物的成功率也就越来越低了。

哇！
发现一朵看起来
很美味的兰花！

名　称：花螳螂
栖息地：东南亚的热带雨林
体　型：体长25～55毫米（雌性幼虫）

花螳螂的
幼虫十分擅长捕食小蜜蜂

......

大蓝蝶的幼虫稍微长大后，能够分泌一种甜甜的蜜露。红蚁们被这种甜甜的气味吸引后，会将大蓝蝶的幼虫搬运回蚁巢。

被搬运回蚁巢的大蓝蝶幼虫，一边给红蚁提供蜜露，一边竟然会吃掉红蚁的幼虫和虫蛹。红蚁们并不是心甘情愿地忍受这种残忍的行为，而是因为大蓝蝶幼虫在分泌蜜露的同时，会模仿发出蚁后的信息素，所以红蚁就算被吃掉也毫无怨言了。

通过甜甜的蜜露和模仿蚁后的信息素来欺骗红蚁，大蓝蝶幼虫实在是太可怕了。等到大蓝蝶的幼虫羽化成蝶后，它们渐渐不能分泌蜜露，也不能发出蚁后的信息素，就会飞离蚁巢。

大蓝蝶 幼虫会在红蚁巢穴中
狂吃红蚁的幼虫

名　　称：大蓝蝶
栖息地：欧亚大陆北部到日本的草地
体　　型：体长10～15毫米（幼虫）

铁线虫
能够操控螳螂

啊啊啊……

可算到达河流啦!

　　寄生虫会寄生在其他生物的体内,其中,有的寄生虫能够操控宿主的行动。

　　铁线虫是一种生活在水中的寄生虫,其外形就像铁丝一样。铁线虫幼虫会生活在近水的小昆虫体内,而且,当宿主小昆虫被螳螂吃掉后,铁线虫幼虫又会转移到螳螂的身体里。寄生虫一边与宿主争夺营养物质,一边成长。终于,当它长到20~30厘米长时,便可以操控螳螂的大脑,驱使螳螂来到水边。然后,铁线虫会破开螳螂的肚子,钻入水中开始产卵。而被操控的宿主螳螂,则会化作半死不活的"僵尸"。

名　　称:铁线虫类
栖息地:世界各地的水中、水源边
体　　型:体长20~30毫米

黄石蛉在日语中又叫"蛇蜻蜓"，但其实它和蛇或者蜻蜓都不沾边。黄石蛉幼虫生活在水中，成虫后会拥有大大的翅膀、长长的头和宽大的下颚。黄石蛉无论幼虫还是成虫都十分具有攻击性，特别是成虫，长长的头部可以像蛇一样伸长，用宽大的下颚紧紧咬住对方。黄石蛉强力的咬合力常常将被咬的对象咬出血，同时伴随着剧烈的疼痛。

　　不仅如此，就连虫蛹状态下的黄石蛉也酷爱攻击。一般情况下，虫蛹既不会捕食，也不能动弹。但是，黄石蛉的虫蛹拥有着宽大的下颚，因此当有人想靠近触碰它时，为了保护自己，它会狠狠咬住对方。即使是同类靠近，也会被不留情面地狠狠咬住，从而展开厮杀。多么残暴的虫蛹呀！

哎呀呀!!

名　　称：黄石蛉
栖息地：日本北海道到九州、中国台湾的森林和水边
体　　型：体长60毫米（虫蛹）

黄石蛉的虫蛹虽然不捕食但会紧紧咬住靠近它的生物

不要小看我们虫蛹啊！

干得漂亮！像爸爸我一样凶猛呢！

萤火虫因为可以发光而出名。而不同种类的萤火虫发光的频率是不一样的，萤火虫会根据发光的频率来分辨同类，并与之交尾。可以说，萤火虫的光就像是雄性向雌性示爱的信号。

然而，有种卑鄙的萤火虫却利用自己求爱的信号来捕获猎物。它就是雌性彩色萤火虫。雌性彩色萤火虫虽然也通过一闪一闪的荧光来吸引雄性的同类，但是它们能够模仿其他种类的雌性萤火虫发光的频率。当其他种类的雄性萤火虫因它的模仿而靠近的瞬间，雌性彩色萤火虫会骤然变脸，快速地抓住靠近的雄性萤火虫，并且把它吃掉。这可以说是抓住了雄性的求偶意图而设计的"骗婚"啊。

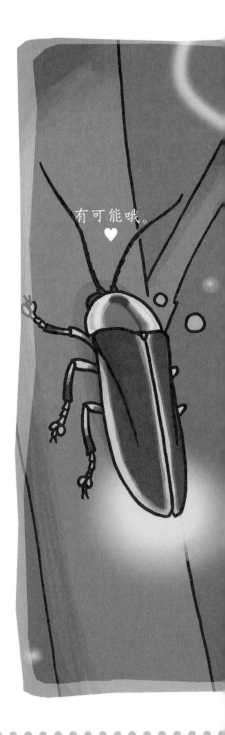

有可能哦。
♥

名　　称：彩色萤火虫
栖息地：北美洲的森林
体　型：体长20～50毫米

彩色萤火虫
会"骗婚"

在野外，有很多对人类来说十分危险的生物。例如，每年有许多人由于鳄鱼、蛇类的袭击而丧生。

然而，其中夺走最多人命的生物，居然是蚊子。蚊子身上携带着各种各样的病菌，通过叮咬人类，可以引发疟疾、登革热等危险的传染性疾病。这些病症虽然在日本已经成功被防治，但是在非洲、南美洲等地区，仍然属于常见病症。所以，每年有超过70万人因此丧命。

你知道吗，夺走人类生命的第二名生物就是人类自己，主要原因是战争……真是遗憾啊。

蚁子位列杀害人类的
生物排行榜的第一名

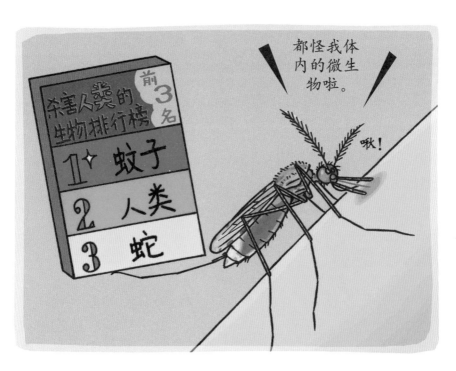

昆虫杂学
　　人类完全战胜疟疾之前，日本冲绳县某个岛屿上，由于受到蚊子传播的疟疾的影响，整个村落全军覆没。

鳞蛉的幼虫会释放毒气攻击白蚁

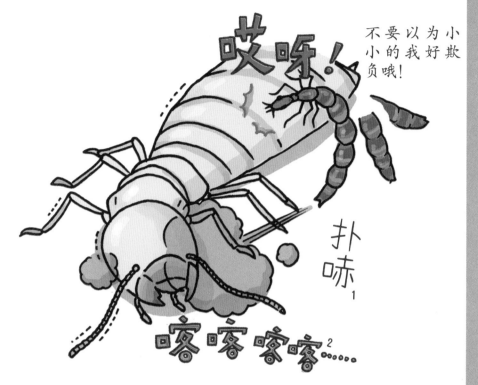

哎哟！

不要以为小小的我好欺负哦！

扑哧1

喀喀 喀喀2......

鳞蛉的幼虫，由于食用其他昆虫而被人们所熟知。

其中有一种北美洲的鳞蛉幼虫，生活在白蚁的巢穴中。这样白蚁自然而然地成了鳞蛉的猎物。但是，比起鳞蛉的幼虫，白蚁除了体型更大，还拥有强大的下颚。就算鳞蛉的幼虫冲到白蚁面前大喊"我要吃了你"，也会反过来被白蚁打倒吧。

因此，鳞蛉幼虫便喷出一种毒气麻痹白蚁。这样无论是个头多大的白蚁，被攻击后只能一动不动，无法反击，最终被吃掉。看起来弱小的幼虫，也不可轻视啊。

1. 拟声词，气体喷出声。
2. 拟声词，因呼吸道难受发出的干咳声。

名 称：鳞蛉类
栖息地：世界各地的森林
体 型：体长2～10毫米（幼虫）

蜜蜂中的蜂后负责产卵，工蜂负责辛勤工作，但其实它们在幼虫时期都是一样的。吃营养丰富的蜂王浆的蜜蜂，就会发育成蜂后，吃花粉和蜂蜜的蜜蜂就会成长为工蜂。同时，蜂后会分泌一种蜂后物质[1]，抑制工蜂卵巢的发育。为了明确工种，坚守职责，工蜂不知不觉间就被剥夺了产卵能力。

但是，如果蜂后突然死亡……在几只新的被用蜂王浆喂养的幼虫中会产生新蜂后。即使那时没有幼虫，也不用担心。因为蜂后死后便不再分泌蜂后物质，工蜂就能恢复生育能力，开始产卵了。

蜂后

产卵能力

会使工蜂丧失

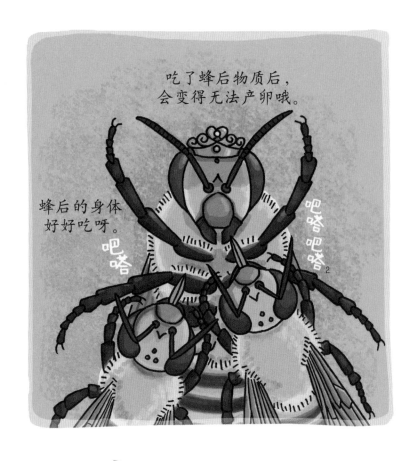

吃了蜂后物质后，会变得无法产卵哦。

蜂后的身体好好吃呀。

吧嗒

吧嗒吧嗒

名　称：西洋蜜蜂
栖息地：世界各地
体　型：体长15～20毫米（蜂后）

1. 蜂后物质，昆虫信息素的一种，由蜂后上颚分泌，用于控制工蜂行为，影响其生育能力等。
2. 吧嗒吧嗒，拟声词，舔舐的声音。

头部寄生蝇的
幼虫会斩断蚂蚁的头

在体内
斩断的哦。

扑通！

成功！

　　把其他的生物当作宿主,进入生物体内生活的行为被称为寄生。头部寄生蝇这种名字听起来就让人不舒服的寄生蝇幼虫,也是一种寄生生物。它们会寄生在火蚁的体内。

　　幼虫的成长会为火蚁带来灾难。首先,火蚁会在头部寄生蝇幼虫的操控下走出蚁巢,找到一个适合寄生蝇幼虫羽化的地方。接着,头部寄生蝇的幼虫会从火蚁体内切断其头部,并在火蚁的头部中成蛹。稍微想象一下就汗毛直竖啊。等到虫蛹羽化之后,成虫会从火蚁的嘴巴里爬出来飞走。

名　　称:头部寄生蝇
栖息地:世界各地的森林
体　　型:体长1.5毫米

大黄蜂会袭击蜜蜂的蜂巢，将蜜蜂幼虫当作食物，是蜜蜂很恐惧的天敌。然而，自古以来与大黄蜂生活在同一区域的日本蜜蜂，却绝不会对大黄蜂的攻击忍气吞声。它们的反击方法是，几十只日本蜜蜂聚集起来将大黄蜂包围，通过震动肌肉产生热量，最后用热量将大黄蜂闷死。

大黄蜂在45摄氏度的温度下就会死亡，而蜜蜂可以忍受50摄氏度的高温。就这样，蜜蜂们利用耐热的温度差打败了大黄蜂，可以说是"热气腾腾"的殊死搏斗啊。

顺便一提，人类为了获取蜂蜜而饲养的西洋蜜蜂，由于无法采取"热量攻击"，一旦被大黄蜂袭击，就会直接被杀掉。

蜜蜂 会聚集起来围攻大黄蜂，
产生热量使其闷死

摩擦摩擦

摩擦摩擦

秘技！
热攻击

啊！
要热死了！

名　称：日本蜜蜂
栖息地：日本本州、四国和九州的山地
体　型：体长12～13毫米（工蜂）

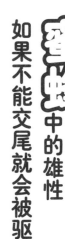

蜜蜂中的雄性
如果不能交尾就会被驱逐

　　在蜜蜂的蜂巢中,雄蜂的数量仅占十分之一左右。由于体型比雌性工蜂大了一圈,雄蜂承担着守护蜂巢的责任,平时基本不需要工作,食物也是从雌蜂处获取,整日游手好闲。然后,到了某一时期,雄蜂就会飞出自己的蜂巢,飞到别的蜂巢内,与新蜂后交尾。

　　听起来是多么令人羡慕的生活呀!然而,一旦交尾成功,雄蜂就会因为生殖器官脱落而死亡。另外,到了交尾的时期,雄蜂就没有理由在蜂巢里继续待下去了,因此也会被驱逐出巢。由于雄蜂自己无法获取食物,等待它的只有死亡。俗话说:"不劳动者不得食。"做雄蜂也不轻松啊。

昆虫杂学

　　雄蜂也是由蜂后生出来的。与雄性精子结合的受精卵孵出来的都是雌性,未经受精的卵子孵出的是雄性。

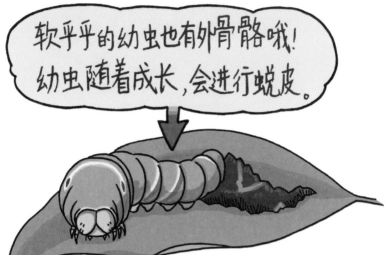

软乎乎的幼虫也有外骨骼哦！
幼虫随着成长，会进行蜕皮。

变态发育的昆虫，
只会在幼虫时期蜕皮哟。

不蜕皮的话，
就长不大哟

  昆虫通过反复蜕皮的方式发育长大。这是因为昆虫的身体被一层外骨骼包裹着，成长期间，昆虫的外骨骼无法像人类的皮肤一样伸展，所以只有通过蜕皮的方式才能进一步长大。

  非变态发育的昆虫一生必须通过蜕皮成长，才能使身体变大。但是，完全变态和不完全变态的昆虫只会在幼虫时期蜕皮，成虫以后就不会再蜕皮了。

  另外，大多数昆虫根据种类的不同都有固定的蜕皮次数。例如，独角仙的幼虫会蜕皮2次，菜粉蝶的幼虫会蜕皮4次。

  另外，从虫卵中刚孵出来的幼虫是"一龄幼虫"，经历第一次

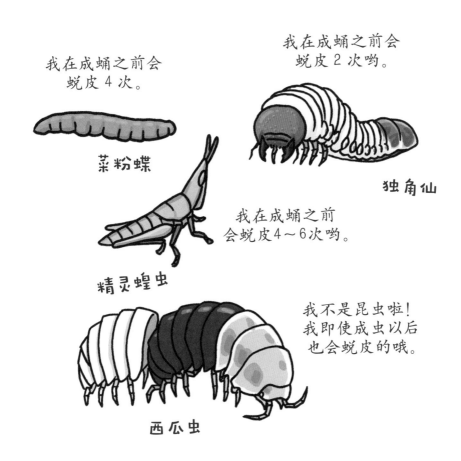

我在成蛹之前会
蜕皮4次。

菜粉蝶

我在成蛹之前会
蜕皮2次哟。

独角仙

我在成蛹之前
会蜕皮4～6次哟。

精灵蝗虫

我不是昆虫啦！
我即使成虫以后
也会蜕皮的哦。

西瓜虫

蜕皮后就成为"二龄幼虫"。

　　西瓜虫和蜘蛛之类的虫子虽然不属于昆虫，但也会通过反复蜕皮来成长，只不过它们蜕皮的次数是不固定的。

　　顺便一提，如果被阳光照射的时间不够长，昆虫的外骨骼就可能无法变硬。这种情况下，昆虫有可能会蜕皮失败，无法从旧的外骨骼中脱身，最终死亡。由于正在蜕皮中的昆虫对外界毫无防备，因此有时会遭遇敌人的攻击。这么看来，对昆虫来说，蜕皮既是成长过程中必不可少的步骤，也是性命攸关的大事。

奇妙又**悲伤**的昆虫故事

　　活着就会发生各种各样的事情，有时也会遇到让人胸闷气短的情况，对于昆虫来说也不例外。

　　本章就从这里开始，为大家介绍关于这些昆虫的悲伤的小故事吧！

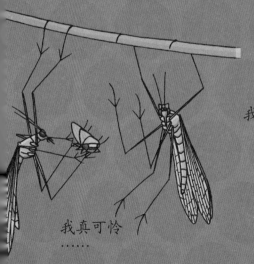

我不喜欢。

我真可怜
······

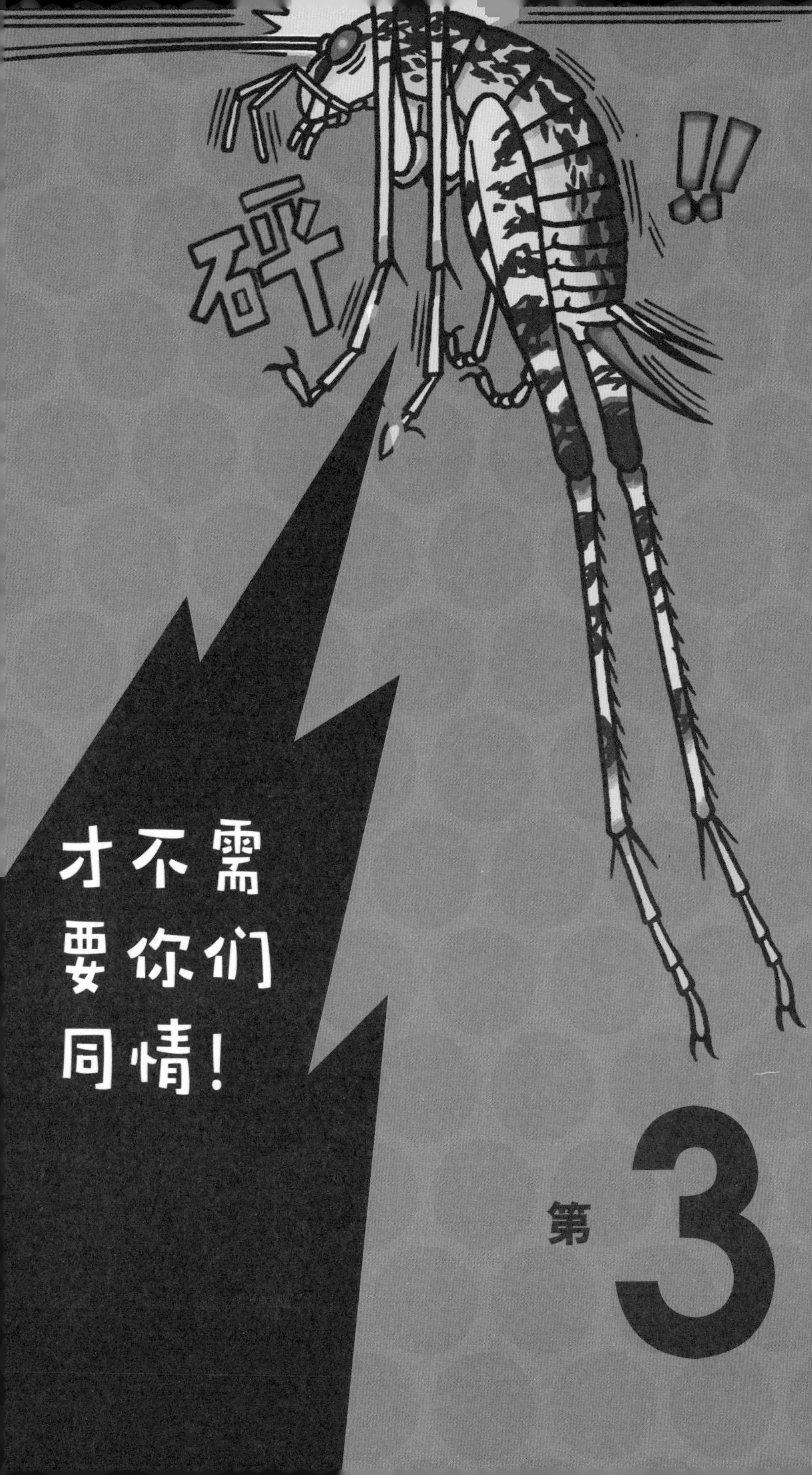

第3章

行军蚁不会筑巢。其中，在一种名为布氏行军蚁的工蚁中，有警卫蚁和兵蚁等职责区分。多达几十万只行军蚁聚集起来，会组成一个军队。之后，它们会一边前进，一边吃掉沿途遇到的昆虫、蜘蛛等。

虽然行军蚁没有蚁巢，但它们也不是一直在移动。在白天，它们会撑开"帐篷"野营；在蚁后产卵期间，它们也会在原地野营2周左右。而这时，它们组成"帐篷"的原材料，居然是工蚁的身体！工蚁们的四肢相互缠绕、编织成网，将身体连接起来组成帐篷，为了保护蚁后和卵宝宝简直拼了命呢！对于蚁后如此忠诚的工蚁，实在令人感动。

好舒服呀。

名　称：布氏行军蚁
栖息地：南美洲的森林、田地
体　型：体长10毫米（兵蚁）

布氏行军蚁 用自己的身体组成帐篷

生活在东南亚的编织蚁，会住在树上，将叶子卷成圆形，然后编织到一起作为蚁巢。

这种筑巢的方式，首先需要几只工蚁一起用发达的上颚咬住同一片叶子，然后合力将叶子推到附近的叶子旁边。当两片叶子重叠时，会有其他的工蚁带着幼虫爬过来，一边让幼虫吐丝，一边用吐出来的黏糊糊的丝线将两片叶子黏合起来。如此反复，就能够建造出一个圆圆的巢穴。

总之，为了筑巢，从成年蚁到蚁宝宝都要参与作业，可以说是全家总动员了。虽说成年蚁参与筑巢是理所当然的，但是居然连小小的蚁宝宝也要出力，真的是太辛苦啦！

编织蚁 会
用幼虫吐出的丝线来编织巢穴

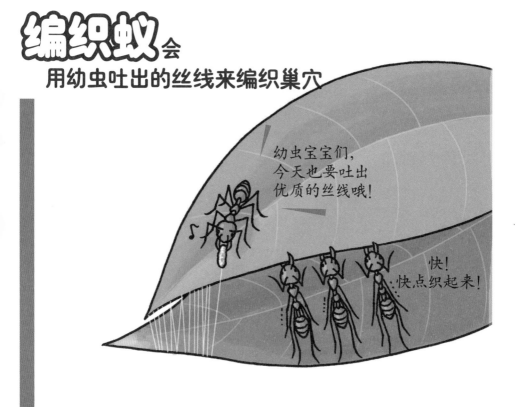

幼虫宝宝们，今天也要吐出优质的丝线哦！

快！快点织起来！

名　称：织巢蚁
栖息地：印度到东南亚、澳大利亚的森林
体　型：体长7～12毫米（工蚁）

还好不是
我负责看门……

……

日本弓背蚁的
头可以充当蚂蚁巢穴的盖子

　　日本弓背蚁会在干枯的树干上挖洞筑巢。在蚁巢的入口，平常会有一个"盖子"，用来防止敌人入侵。工蚁回家时会用触角去触碰盖子，然后就可以"进门"了，看上去就像是安装了一个自动门一样呢。但是其实，这个"自动门"是活的哦。

　　组成门（即盖子）的是拥有宽大头颅的大型工蚁，它们的头顶像刀切的一样平整。它们头部的大小正好能够盖住入口，因此一般由几只工蚁轮流充当盖子，担任守护巢穴的看门蚁。为了巢穴，默默无闻地用身体去守护的看门蚁们，究竟怀着一种怎样的心情呢？

　　名　　称：日本弓背蚁
　　栖息地：东亚地区
　　体　　型：体长5毫米（看门蚁）

撒哈拉沙漠的昼夜温差经常超过50摄氏度。在那里生活着的撒哈拉银蚁体表覆盖着用来散热的体毛，以此抵御高温。

即使是这样，它们白天一旦离开巢穴，仅仅5分钟左右就会死亡。但同时，它们也只有在这种高温时间段才能够外出捕猎，这是因为以撒哈拉银蚁为食的食蚁兽只有在这种高温下，才不会外出活动。也就是说，撒哈拉银蚁只能在没有天敌外出活动的空隙里出门觅食。

然而，由于觅食的时间过长，它们有时会全军覆没！这样看来，撒哈拉银蚁的觅食之旅总是在生死一线间啊！

撒哈拉银蚁 在觅食的过程中常常与死神擦肩而过

现在的气温
45℃
限制时间
03:57

要在4分钟内找到食物并带回来！

名　称：撒哈拉银蚁
栖息地：非洲的撒哈拉沙漠
体　型：体长5～8毫米（工蚁）

爆炸蚂蚁

会通过自爆来保卫巢穴不受外敌的侵害

终·极·奥·秘……

自爆!!

呜哇!

好黏!

爆炸蚂蚁,顾名思义,是一种身上携带"炸弹"的蚂蚁。从头部一直延伸到腹部,被称为"大颚腺"的体腺里面装满了黏糊糊的毒液,这些毒液就是蚂蚁身体里的炸弹。

当蜘蛛或者其他种类的蚂蚁在爆炸蚂蚁的蚁巢附近现身时,守巢之战就会打响。在守卫战中,一旦爆炸蚂蚁处于下风,它们就会收缩腹内的腺体,引发爆炸,将黏糊糊的毒液喷射到敌人的身上,使敌人丧失行动能力。但遗憾的是,自爆的蚂蚁也会马上死亡。但它们是为了守护巢穴,为了同伴们的生命安全,甘愿奉献自己的生命、采取自杀式攻击的。实在是催人泪下啊!

名 称:爆炸蚂蚁
栖息地:马来西亚、文莱的森林
体 型:体长4~6毫米(工蚁)

蚁狮是蚁蛉的幼虫，它们会在沙地上挖出石臼状的巢穴，然后待在洞底等待蚂蚁之类的猎物踏入。由于蚁狮的巢穴周围都是干燥松动的沙子，因此掉入其中的蚂蚁越挣扎越会下滑，最终坠入巢穴底部。

日语中把蚁狮巢穴称作"蚂蚁地狱"，果真是名副其实呀。然而，一个月里不知有几次能够等到猎物掉落下来，在等待期间，蚁狮只能一直忍受着饥饿。虽然说蚁狮就算一个月不吃不喝也没什么，但它为了使猎物踏入陷阱后下落得再快一点，会将沙子抛出洞外——果然再抗饿也还是会饿的呀。

在
没有收获猎物的时候只能挨饿

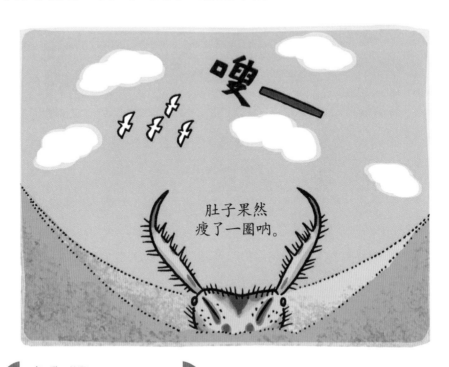

名　称：蚁狮
栖息地：地球温带到热带的沙地
体　型：体长10毫米

蚂蚁会

把蚜虫当作家畜豢养

当蚜虫吸取植物的汁液时,周围会聚集起蚂蚁。蚂蚁们是冲着蚜虫分泌的蜜露来的。这种蜜露味道香甜、营养丰富,对于蚂蚁来说是诱人的美味佳肴。

蚜虫又被称作"蚁牧",这是因为蚂蚁会像饲养牛羊一样饲养蚜虫,看上去就像是为蚜虫建造了一个牧场。实际上,蚂蚁确实会热心地照顾蚜虫,比如守护它们免受外敌的伤害,或者通过食用蚜虫分泌的蜜露为它们保持环境的清洁等。但当蚜虫数量过多时,蚂蚁也会吃掉一部分蚜虫来减少数量。

昆虫杂学

如果蚂蚁强行索取过多的蜜露,分泌过量蜜露的蚜虫的成长就会受到影响。

头虱会附在人类的头发上，吸食人类头皮中的血液存活。说不定我的头上也有头虱……稍微想象一下，是不是有点恶心？但让人想不到的是，头虱其实是一种很可怜的昆虫哦。

这是因为从我们全身被毛的人类祖先开始，头虱就一直依附其毛发而生存。然而，随着人类的进化，人类身体上的毛发越来越少，最终只有头发可以供头虱生存了。虽然被吸血的人类会觉得有些痒，但它们的存在感很弱，平时一般感觉不到头上有头虱。当我们用洗发水洗头的时候，头虱会被冲走，并且一旦离开人体，几天之内就会死亡。它们一定希望，以后人类身上的毛发不要继续减少了吧。

真羡慕你呀，我的老爸！

名　称：头虱
栖息地：地球人类的头上
体　型：体长2~3毫米

头虱只能
生活在人类的头发中

已经成虫的独角仙,受了伤就再也无法痊愈。独角仙的体表覆盖着一层坚硬的外壳,但是一旦外壳受到创伤,就无法恢复了,最多保持原状,会变成伴随一生的伤痕。

独角仙有时会因为受伤,导致翅膀或者腿部无法活动。这样的话,独角仙就可能陷入性命堪忧的境地了。

那么,为什么独角仙的伤口无法痊愈呢?因为成虫后的独角仙不会再蜕皮,细胞也不会增殖。幸好人类就算成年,细胞也仍然可以增殖再生呀!

独角仙
一旦受伤,就无法痊愈

糟、糟糕!
我的腿
断了一截……

昆虫杂学

独角仙的幼虫和虫蛹仍处在细胞增殖、形态变化的阶段,所以如果受了一点点伤,还是可以在成长的过程中痊愈的。

独角仙
几乎不打架

独角仙和锹形虫之类的甲虫,总是给人一种印象——为了争夺树液和雌性配偶,雄性之间会不断争斗。独角仙用前角相互抵抗;锹形虫用强大的鹿角上颚与对手搏斗……最终,一方被对手击败,从树枝上滚落下去。这样的照片或者视频,大家应该有见过吧?

然而,战斗前只要比较一下它们的体型大小或角的长短,孰强孰弱就会一目了然。再加上,它们一旦在战斗中负伤,就算获胜,后期也难以继续存活。因此,这样的战斗几乎很少发生。

没想到独角仙和锹形虫居然是和平主义者呢!

名　　称:独角仙
栖息地:东亚的森林
体　　型:体长40~80毫米

芜菁甲虫的幼虫会生活在储存着花蜂的蜂巢里,食用着蜂巢中的蜂卵和花粉长大,但这只是在足够幸运的情况下才会发生。

芜菁甲虫的幼虫出生后,会攀登到植物的花朵中,在那里等待花蜂的光临。运气好的话,它们能够等到雌性花蜂的到来,然后附在它身上来到蜂巢。如果不走运,来的是雄蜂,则必须要在它和雌性交尾的时候"换乘"到雌性身上。

如果没有花蜂过来的话,芜菁甲虫的幼虫会直接死亡,或者如果一不小心看错,附在别的昆虫身上,就会被带往错误的目的地,最终也会死亡。造访花蜂蜂巢的路上,还真是险象环生啊。

芜菁甲虫

一旦找错了寄生对象,就会死掉

名　称:日本芜菁甲虫
栖息地:日本本州到九州的森林
体　型:体长1毫米(幼虫)

雌性日本西表萤火虫
不具有成虫形态

多么年轻貌美的女士呀！

　　萤火虫一般会从幼虫变成蛹，最后成长为成虫。但是，1994年在冲绳县的西表岛上发现的日本西表萤火虫却不一样。虽然雄性成虫会发育成萤火虫的样子，但是雌性萤火虫到了成虫阶段，别说是翅膀了，身体居然还保持着幼虫的形态！这种情况被称为"幼态成熟"。形态看上去总是维持着小孩子的样子，到底是令人羡慕，还是令人伤感呢？

　　顺便一提，日本的萤火虫在幼虫阶段几乎都可以发光，但是成虫以后还能够继续发光的就非常少了。雌性日本西表萤火虫的成虫由于始终维持着幼虫的形态，所以可以一直发光。

名　　称：日本西表萤火虫
栖息地：日本西表岛、石垣岛、小浜岛和
　　　　中国台湾的草地
体　　型：体长15毫米（雌性）

生活在水中的大龙虱，在翅膀和背部之间存有空气，可以通过背部的通气孔获取空气。总之，多亏了这个可以发挥潜水氧气瓶作用的身体结构，大龙虱才能够在水下自由呼吸。

当然，一旦氧气瓶中的氧气耗光，大龙虱就会被淹死，而这种危险状况往往发生在它们交尾的时候。雄性大龙虱的前足上附有吸盘，可以用它附着在雌性大龙虱的身上与之交尾。由于交尾的时间很长，雄性大龙虱需要维持交尾的姿势上浮到水面，为自己的"氧气瓶"补充空气。然而，还被挡在水下的雌性大龙虱由于很难补充空气，有时会被淹死。真是冒着生命危险啊。

昆虫杂学

大龙虱会沿着水中伸出的树枝爬出水面，晒晒太阳。晒太阳的作用是给身体表面杀菌。

雌性**大龙虱**
可能会在交尾的时候淹死

在昆虫的世界里，为了繁衍后代，有些昆虫的雄性会为雌性准备礼物。例如，雄性蚊蝎蛉会将捕获的猎物用唾液黏合固定，作为礼物献给雌性蚊蝎蛉。如果雌性对礼物满意就会吃掉礼物，雄性会在雌性进食期间与之完成交尾。然而，有时如果礼物的量或者品质不够好的话，非常遗憾，可能会被雌性拒绝……

另外，有的雄性蚊蝎蛉会假扮成雌性，从别的雄性蚊蝎蛉手上骗取礼物，然后拿去献给自己心仪的雌性蚊蝎蛉。无论在哪个世界，都有这种投机取巧的家伙啊。

蚊蝎蛉中的雄性

不好好准备礼物的话会被雌性甩掉

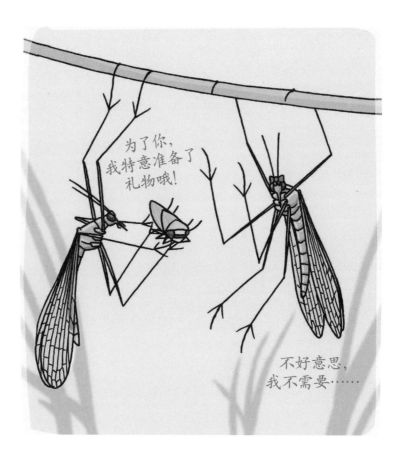

为了你，我特意准备了礼物哦！

不好意思，我不需要……

名　称：蚊蝎蛉
栖息地：北美洲、澳大利亚和日本的森林、草地
体　型：体长20毫米

水黾也可能会淹死在水里

水黾(mǐn)是一种能够漂浮在水洼、沼泽等水面上,并且活动起来像在灵活滑行的昆虫,其行动的秘诀在于脚。

水黾的脚尖密密麻麻地长着极细的毛,可以储存空气。这种细毛上附着着一种防水的油状物质。正是由于空气和油质细毛,水黾才能够在水面行动自如。

然而,一旦水质被洗衣液之类的清洁剂污染,水黾的细毛就会被水打湿,储存的空气也将不复存在。这样一来,水黾会瞬间沉入水中淹死。洗衣液对它们来说就是凶器啊。

名 称:水黾
栖息地:世界各地
体 型:体长15毫米

一般情况下，灶马生活在森林中的湿润地带。但是，在乡下老旧的住宅中，例如在厨房、厕所等阴暗潮湿的地方也能见到灶马的身影，因此灶马又被称作"厕所蟋蟀"。

松松软软的身体上遍布着条纹，在阴暗的角落里一蹦一跳，灶马可以说是一种容易让人厌恶的昆虫。

灶马也许不是大家乐意饲养的昆虫，但是如果要饲养的话，请注意不要把它放进空间小的饲养盒里。因为灶马虽然没有翅膀，但拥有一对发达的后足，所以灶马的弹跳力很强，若不小心撞上饲养盒的天花板，它可能会当场死亡。这大概是因为灶马也看不到自己头顶吧……

灶马

不小心撞到天花板的话会当场死亡

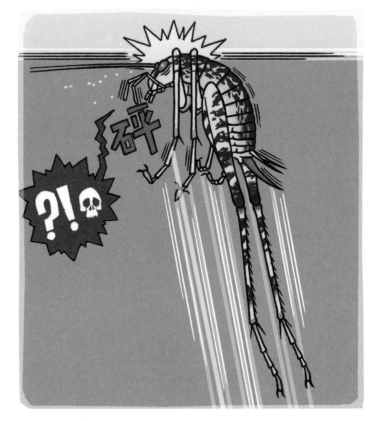

名　称：灶马
栖息地：世界各地的森林
体　型：体长15～30毫米

长额负蝗中的
雄性总是监视着雌性

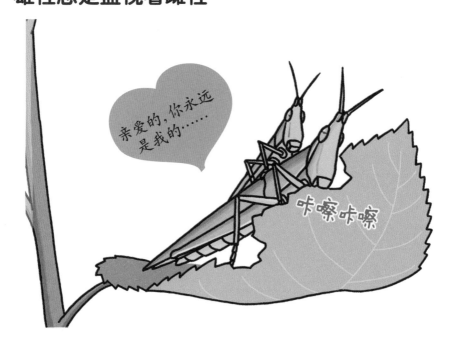

　　长额负蝗得此名字，是因为雌性长额负蝗总是背着雄性长额负蝗。而且雄性长额负蝗即使在雌性无法交尾的时期，也会一直趴在雌性长额负蝗的背上。

　　不过，这种行为是有原因的。长额负蝗不太会跳跃，一般总是待在草地上不动，所以它们邂逅彼此的概率很小。因此，雄性一旦遇到雌性，就会马上跳到对方背上，确保交尾名额！即使长额负蝗完成交尾，为了雌性不被其他雄性抢走，雄性长额负蝗也会一直趴在雌性背上，一动不动地监视着它。雌性长额负蝗，总是要背着一个爱吃醋的恋人呀。

名　　称：长额负蝗
栖息地：南亚的草地和田地
体　　型：体长25毫米（雄性）

有的蝴蝶不是通过捕虫网，而是通过霰弹枪被抓获的。这就是维多利亚鸟翼凤蝶。

据说在19世纪，曾经有欧洲人第一次见到这种凤蝶，看到如此大的体型便将其错认成了鸟，然后用霰弹枪把它击落了下来。维多利亚鸟翼凤蝶在张开翅膀的情况下，能超过15厘米，所以被错认成鸟也不是不可能的。只不过在这个故事里，真相似乎是：当时那只蝴蝶飞得很高，捕虫网根本够不到它，所以人们用手上的枪支击中了它。

不管怎么说，作为蝴蝶居然被人用枪击落了，也太惨了吧！

有的蝴蝶会
被霰弹枪击落

名　称：维多利亚鸟翼凤蝶
栖息地：所罗门群岛和巴布亚新几内亚的森林
体　型：前翅长70～90毫米

还好吧。也没啥啦……

提供贵金属鉴定服务

啊哈哈哈。只有这么一点银啊……

绿胸晏蜓（银蜻蜓）

身上的银色部分极少

　　绿胸晏蜓是蜻蜓的一种，在日本被称作"银蜻蜓"，也就是"银色的蜻蜓"的意思。[1]

　　一般昆虫的名字中如果带有色彩的字样，往往代表着昆虫身体的颜色。既然被称作"银蜻蜓"，大家脑海中可能会想象蜻蜓银光闪闪的样子吧？但其实，"银蜻蜓"从头部到胸部都是显眼的黄绿色，而尾部往后则是暗黑色的。那么，银色到底在哪儿呢？原来，在它们腹部到尾部的连接处有一点点的银色。居然就因为这么一点点的银色，将之取名为"银蜻蜓"，难道当时就没有更好的选择了吗？

名　称：绿胸晏蜓
栖息地：东亚的湖泊和水池
体　型：体长15～20毫米

1. 此处由于中日语言差异，译者有部分改动。已尽量还原原文的表达。

蚕是一种按照人类需求进行改良过的, 人类为了从蚕茧获取丝线而养殖的昆虫。人类养蚕的历史居然可以追溯到5000年前! 经过长年累月的品种改良, 现在的蚕已经与当年野生蚕的形态大不相同。现在, 蚕的幼虫已经不会为了觅食爬来爬去了。虽然只食用桑叶, 但是它们居然连附在桑叶上都做不到, 即使成虫, 也无法飞行。而且, 无论是幼虫还是成虫, 都通体雪白。如果这副样子在野外生活的话, 应该马上就会被天敌发现并吃个干净吧!

说起来好像它们啥也不会似的, 但是托它们的福, 人类能够获取到丝线。真的要好好地感谢蚕宝宝才行哦!

名　称: 蚕
栖息地: 野外环境中不存在
体　型: 前翅长10~20毫米

蚕 在野外无法生存

……就会从树叶上
掉下来……

虽然是蛾，
但是不会飞……

扑腾
扑腾………

弹尾虫被认为是一种原始昆虫,体型非常小。大小一般在1~2毫米,最大也不过7毫米左右。弹尾虫生活在土里,以落叶和小动物的尸体等为食。

顾名思义,弹尾虫可以"咻"的一声把自己弹飞。它的秘密武器是一个用来弹跳的弹跳器(身体器官)。平时这个器官会被折叠起来收进腹部,一旦遭遇敌人的攻击,它就会"啪"地启动弹跳器,使弹跳器突然伸长将自己弹飞。在弹跳器的助力下,弹尾虫得以快速地逃离。但是,因为弹跳器是不可控的,所以就连弹尾虫自己也不知道会被弹到哪里。一切全凭运气!

弹尾虫 自己也不知道

会被「弹」到哪里去

逃脱!!

咻

吓!

昆虫杂学

严格来说弹尾虫并不属于昆虫,它们与昆虫之间还是存在着许多差异的。例如,弹尾虫没有昆虫的呼吸器官——气门,它是通过体表来呼吸的。

舞毒蛾中的雄性

会与雌性一刻不停地交尾

我才不会把你交给任何人呢！

　　在北半球广泛生活的毒蛾之中，有一种叫舞毒蛾。舞毒蛾的幼虫是一种吃植物叶子的害虫，大约每隔10年会大范围爆发一次虫灾，严重的时候，整片山林都会被它们啃光。

　　但是，成虫后的舞毒蛾什么也不吃，1周左右就会死亡。在短短的成虫期间，舞毒蛾要完成交尾，留下自己的子孙后代。对于雄性舞毒蛾来说，只要完成交尾就万事大吉了吗？如果是这样就好了，事实上，说不定它们好不容易完成交尾的配偶会被其他雄性抢走。因此，雄性舞毒蛾会一刻不停地交尾，直到配偶顺利产卵。为了留下属于自己的子孙后代，舞毒蛾也不容易呀。

名　　称：舞毒蛾
栖息地：北半球温带的森林
体　　型：前翅长25～30毫米（雄性）

蜜蜂中的工蜂,在去世前1～2周的时间里负责采集花蜜。从清晨到傍晚,蜜蜂要飞到无数的花朵中,将微量的花蜜一点一点吸入胃里,储存起来运回蜂巢。

在这个过程中,工蜂的唾液腺中分泌的转化酶混到花蜜中,将花蜜酿造成蜂蜜。人类利用西洋蜜蜂的这种特性,生产制造蜂蜜。一只蜜蜂穷尽一生采集到的蜜只有极少的量,差不多正好一勺。也就是说,我们一口就能吃完的蜂蜜量却是蜜蜂辛勤劳作一生的产物,因此要细细品尝才行哦。

蜜蜂 一辈子
收集的蜂蜜只有一勺

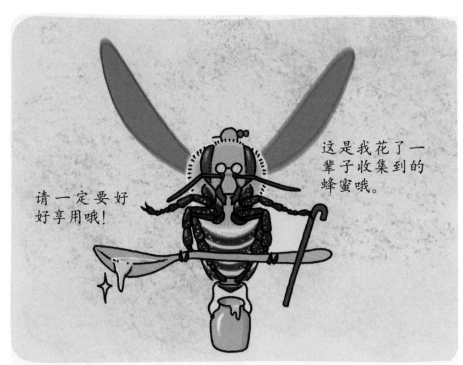

这是我花了一辈子收集到的蜂蜜哦。

请一定要好好享用哦!

昆虫杂学

一只蜜蜂采集的蜂蜜的量,平均到每小时大约是0.02克。如果一只蜜蜂想要采集到100克蜂蜜,它就要工作5000小时(当然,个体很难完成这个任务)。

蜜蜂
即使一把年纪也还在辛勤劳作

哎哎……
太累了……

　　说起蜜蜂，大多数人首先会想到采集花蜜、运回蜂巢的工蜂吧。但是，负责采蜜的不全是工蜂。外出劳动的只有上了年纪的工蜂中的雌性，也就是只有蜜蜂老奶奶们。

　　另外，在蜂巢中央羽化了的工蜂，随着年龄的增长，工作的场所也会向蜂巢外部转移。可以出巢的时候就是变成老奶奶的时候。由于蜂巢外部充满着被敌人袭击的风险，因此才让命不久矣的老年蜜蜂负责外部的工作。不过，让一把年纪的人去干重活，也太狠心了……

昆虫杂学

　　年轻的工蜂拥有一个腺体，可以分泌用来喂养幼虫的蜂王浆。但是，随着年龄的增长，这个腺体会逐渐萎缩，所以都是年轻的工蜂负责喂养幼虫。

年长的工蜂会飞出蜂巢采集花蜜，那么年轻的工蜂在蜂巢内部，又在做些什么呢？

在蜂巢中央，刚刚从幼虫长大为成虫的工蜂还不能喂养幼虫，因此会被安排打扫蜂巢之类的简单工作，再之后就会成为空调工。蜂巢炎热的时候，空调工要扇动翅膀将巢内的热空气排出去；寒冷的时候，空调工要颤抖、收缩肌肉，使空气升温。终于，等到工蜂能够分泌幼虫的食物了，就会成为喂养工，当年龄更大一些时就会成为负责守卫蜂巢免受敌人侵害的警卫员。随着工种的变化，负责掌管的区域会渐渐向蜂巢外部转移，最终飞出蜂巢。

对于蜜蜂来说，无论是哪个工种都很重要，就算是空调工也是很重要的！

搬运蜂蜜，嘿咻嘿咻。

开饭啦——

昆虫杂学

工蜂有时候会出现劳动力过剩、没活干的情况。这时候，工蜂就会自己找活干，或是微微颤动着腿打发时间。

蜜蜂的分工包括
专职空调工和清洁工

守卫巢穴!

我去去就回!

"空调工"到底是个啥!

清洁打扫,
洗洗刷刷。

东方大黄蜂的腹部有着黄色的条纹，而在那条纹里隐藏着令人惊叹的秘密——利用太阳能发电。换句话说，这种黄色的条纹就是"太阳能电池"。东方大黄蜂的身体基本上都是茶色的，它们吸收光源之后，黄色条纹的部分会将太阳能转化成电能。

世界上拥有这种发电特性的动物可谓少之甚少。不仅如此，东方大黄蜂身上还充满了谜团。比如说，由于发电量极少，东方大黄蜂其实与其他动物一样，都是通过食物获取能源的。而且，它们也不能电击敌人。因此，它们最初到底是出于何种目的进化出"太阳能电池"的呢？人类对此尚不清楚。

东方大黄蜂

会利用太阳能发电，目的不明

我发电的原因是个秘密哟。

名　称：东方大黄蜂
栖息地：地中海沿岸、中东和近东地区到北非洲
体　型：体长25～35毫米

钩腹姬蜂的一生都在碰运气

求求你，
来吃吧……

不知为什么，钩腹姬蜂会费心费力地绕远路去完成成虫的发育。

首先，雌性钩腹姬蜂会在植物的叶子上产出细小的卵。当虫卵被毛毛虫之类的生物吃掉后，会在生物体内孵化。之后，大黄蜂会抓走毛毛虫，将毛毛虫卷成"肉丸子"带回蜂巢，喂给自己的幼虫宝宝们。这样一来，钩腹姬蜂的幼虫就会入侵到大黄蜂的幼虫体内，并且从内部慢慢吃掉大黄蜂的幼虫，得以成长。

当然，能够顺利到达大黄蜂幼虫身体里的钩腹姬蜂幼虫实在是少之又少。所以每一只钩腹姬蜂的成虫，都是超级幸运儿！

名　　称：钩腹姬蜂
栖息地：日本北海道到九州的森林
体　　型：体长8~12毫米

雌性南部胃育蛙从产卵期开始，胃部会停止活动。产卵后，雌性南部胃育蛙会一口把卵吞到肚子里，胃袋摇身一变成为"育儿袋"，并开始进行孵化。随着小蝌蚪渐渐长大，胃育蛙的胃会膨胀，挤压到肺部器官，因此胃育蛙只能通过皮肤进行呼吸。当然，这期间胃育蛙也无法进食。如此辛苦的育儿过程，要持续到小蝌蚪长成小胃育蛙，再从母亲的嘴巴里跳出来为止。虽然过程很艰辛，但这种育儿方法可谓是保护自己的小孩不受敌人攻击的最最极端的做法了吧。

然而，遗憾的是，虽然南部胃育蛙十分谨慎小心地培养后代，但是由于栖息地的环境恶化等原因，这种胃育蛙已经灭绝了……

南部胃育蛙虽然很小心地
养育后代却还是灭绝了

我是在
妈妈的肚子里
长大的哦。

名　　称：南部胃育蛙（已灭绝）
栖息地：澳大利亚昆士兰东南部的布列克尔山脉及克伦多山脉
体　　型：体长40mm

蚂蚁蜘蛛 对蚂蚁的模仿
并不能骗过真正的蚂蚁

蚂蚁蜘蛛不会织网,它们通过来回走动或者守株待兔的方式抓捕猎物。蚂蚁蜘蛛的外形几乎跟蚂蚁一模一样。蜘蛛拥有8条腿,2条前腿正好扮作蚂蚁的一对触角。

实际上,习惯集体行动的蚂蚁几乎没有天敌。因此,蚂蚁蜘蛛才要使自己的形态无限接近真正的蚂蚁,从而保护自己。

然而,遗憾的是,蚂蚁是通过气味来分辨同伴的,因此蚂蚁蜘蛛的模仿并不能骗过真正的蚂蚁。一旦蚂蚁蜘蛛靠近,就会受到蚂蚁攻击。另外,当蚂蚁蜘蛛被以蚂蚁为食的蜘蛛误认成蚂蚁时,是会被当成蚂蚁吃掉的。

名　　称:蚂蚁蜘蛛
栖息地:日本本州到西南群岛的森林
体　　型:体长7~10毫米

大多数种类的蝎子都是在夜间才开始活动，即使如此，它们的活动量也很少。为了不让敌人或者猎物发现自己，蝎子总是会一动不动地藏身于黑暗的角落里。

然而，大多数蝎子一旦接触到月光中的紫外线，身体就会发光。因此，蝎子们只要暴露在月光下就会暴露自己，接着就会受到敌人的攻击或者让自己的猎物逃脱掉。有人认为，这是为了让蝎子寻找到一个连月光都无法照射到的、绝对安全的藏身之所。然而，蝎子发光的真正原因我们其实还不清楚，谜底仍然有待揭晓……

蝎子 即便会被敌人与猎物
发现也要发光

我到底
为什么会
发光啊……

昆虫杂学

蝎子看上去个头越大越强，但是其实越小的蝎子毒性越强、越危险。这是因为，体型大的蝎子体力也足，所以不需要拥有太大的毒性。

东京达摩蛙

掉进水沟的话基本爬不出来

呱呱呱呱

已经出不去了吧……

　　道路两旁的水沟能在降雨时排水和防止道路积水。然而，有些动物碰上水沟却要倒大霉。东京达摩蛙就是其中一种。

　　为了寻找猎物或合适的产卵场所，东京达摩蛙会到处走动。这时，一旦掉进路旁的水沟就完蛋了！与脚下拥有吸盘的雨蛙不同，东京达摩蛙没办法沿着水沟的墙壁攀爬。并且，东京达摩蛙的弹跳力也很弱，因此无法直接跳出水沟。于是，大多数掉进水沟里的东京达摩蛙，基本上都会被雨水冲走，最终淹死。对它们而言，路边的排水沟就是危险的圈套啊。

名　称：东京达摩蛙
栖息地：日本东北地区到关东地区的平原和水田
体　型：体长35~85毫米

昆虫们都是伪装大师

变身！
"成为"树叶
的树叶虫

　　生物能够使自己的形态(外形、颜色等)、气味、动作等趋近于周围环境或者其他生物,这种行为被称作"拟态"。昆虫是拟态能手,基本上所有的昆虫,无论大小,都或多或少存在着拟态行为。通过拟态,它们能够欺骗敌人的眼睛,从而保护自身的安全。

　　例如,有的昆虫能够使自身融入周边环境,完美地隐藏自己。日本河源蝗生活在河边,外表呈灰色。由于这种体表颜色与河边的小石头几乎一模一样,因此当这种蝗虫一动不动的时候,就很难被发现。

　　另外,树叶虫也是通过形似树叶的颜色和形态藏身于树叶中,从而避免被敌人发现的。

河床石块的
大河源蝗

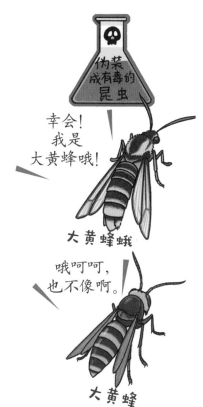

伪装成有毒的昆虫

幸会！我是大黄蜂哦！

大黄蜂蛾

哦呵呵，也不像啊。

大黄蜂

　　也有的昆虫拟态是为了进行狩猎。花螳螂的拟态对象是花朵。花螳螂用身体伪装成兰花，迷惑前来采蜜的蜜蜂，然后趁其不备进行偷袭。

　　还有的昆虫本身不具有毒性，但是它们能够模仿带毒昆虫的形态。带毒昆虫的身体通常具有鲜艳的颜色或者花纹，以此来显示自身是携带危险毒性的昆虫。这种颜色被称为"警告色"。有的昆虫就会模仿带毒昆虫的警告色，使自己逃脱被狩猎和被吃掉的命运。

　　昆虫们正是因为善于拟态而存活至今，而在一代又一代的演化中，昆虫们的拟态能力也越来越强大了。

奇妙又有趣的昆虫故事

有的昆虫会拉出奇怪的便便，有的昆虫会装死……

虽然它们也不是故意搞笑的，但是有些昆虫的习性真的会让人们忍俊不禁。

本章就从这里开始，为大家介绍关于这些昆虫的有趣的小故事吧！

我们已经很努力啦！
不可以笑话我们哦！

这个便便也太奇怪了吧!

第4章

在锹形虫中，存在着许多急性子和暴脾气的种类。全身闪耀着彩虹般七色光彩的彩虹锹形虫，正如它美丽又高贵的外表一样，据说比其他普通锹形虫都要端庄一些。但是，一旦兴奋、躁动起来，它们往往自己也控制不住自己。

在树上为了争取雌性配偶而斗作一团的雄性彩虹锹形虫里面，相对更强的一只会用发达的下颚把对手钳住，扔到树下去。争斗到最后留下的"最强王者"，获得向雌性求爱的权利。然而，有的"王者"会用力过猛，顺带把雌性也扔下树。对于雌性来说，被撞飞的时候应该大为震惊吧……

彩虹锹形虫

兴奋地把求爱对象一『角』踢飞会

太勇猛了吧！

名　称：彩虹锹形虫
栖息地：澳大利亚和新西兰岛的热带雨林
体　型：体长30～60mm

独角仙的
幼虫特别喜欢粪便

请再多拉些
便便给我吧!

　　小独角仙要想成长为强壮的成虫,必须在幼虫时期摄入足够多的营养。因此,幼虫们要有大量便于食用、营养丰富的食物。那么,对于幼虫来说,最好的食物是什么呢? 答案居然是牛粪!

　　也许会有人会担心:吃粪便? 这也太脏了吧? 但是实际上,独角仙幼虫拥有一种强大的蛋白质,能够帮助它们抵御有害细菌。并且,牛粪中含有许多没有完全消化的青草,对于幼虫来说是十分便于食用的。如果在农家用来堆积肥料的堆肥坑之类的地方养育独角仙幼虫,独角仙一定会茁壮成长。放心啦,它们身上不会有便便的味道啦。

昆虫杂学

　　独角仙的幼虫拥有一种名叫防御素的蛋白质,能够抵御有害细菌。人类正在通过研究这种防御素来开发相关药物。

尾部会发光的萤火虫,会把荧光当作信号,与对方相遇并交尾。由于不同种类的萤火虫发光的频率是不同的,因此不存在找错恋爱对象的情况。

然而,就算是同一种类的源氏萤火虫,因为生活在不同地区,发光的间隔也不一样。也就是说,源氏萤火虫拥有类似于人类社会中的"方言"。具体来说,日本长野县以东地区的源氏萤火虫的闪光间隔约为4秒,以西地区的闪光间隔约为2秒,而长野县内的闪光间隔约为3秒。因此,源氏萤火虫被带到其他地区之后,由于与当地源氏萤火虫语言不通,最终无法收获爱的果实。

无论是萤火虫还是人类,沟通交流都很重要呀。

我讨厌你啊!嫁给我吧!

名 称:源氏萤火虫
栖息地:日本本州到九州的河边
体 型:体长15毫米

源氏萤火虫的"灯语"中也有方言

源氏萤火虫的发光方式

每2秒发1次光

每4秒发1次光

每3秒发1次光

它们到底在说些啥……

我贼稀罕呢，跟我一起叭？[1]

1.为表现方言差异使人听不明白,原文即为错乱语法。

象鼻虫的口器前端可以像大象的鼻子一样伸长。在日本，体型最大的象鼻虫被称为日本大象鼻虫。

虽然动作迟缓，但是象鼻虫全身被结实的外骨骼覆盖，以此抵御敌人的攻击。除此之外，象鼻虫还拥有一项逃生绝技——装死！它装死装得超级逼真。

一旦感觉到敌人靠近，象鼻虫会翻身六脚朝上，然后一动不动。就连腿部的弯曲状态，也跟真正的尸体别无二致。除此之外，象鼻虫还会优先选择在树上装死，然后"砰"的一声跌落到树下。这样一来，敌人很难跟着追踪到地面，象鼻虫也就顺利逃出生天。

大象鼻虫
装死装得超逼真

这副装死的样子，
可看不出来是演的哦。
哈哈哈……

名　称：象鼻虫
栖息地：东南亚到东亚的森林
体　型：体长12～30毫米

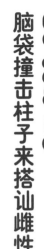

窃蠹虫 用
脑袋撞击柱子来搭讪雌性

　　窃蠹虫是日本国内常见的一种昆虫。它们会潜入人类家中，将人类的食物、建材、榻榻米等啃食破坏，是一种害虫。

　　窃蠹虫的日语写作"死番虫"，意思是"死神之虫"。人们为什么会给它们起一个如此阴暗的名字呢？这是因为，窃蠹虫会用头部不断敲击人类家中的柱子等东西，发出"扣扣扣扣"的声音。由于看不见窃蠹虫的身体，只能听到扣扣声，因此会让人联想到死神手里拿着的死亡倒计时的时钟读秒声。

　　然而，窃蠹虫发出的声音，不是死亡倒计时，而是它们叩响恋人心扉的敲击声。雄性窃蠹虫用头部拼命地敲击着柱子，其实是在向雌性窃蠹虫发出约会的邀请哦。

名　称：窃蠹虫
栖息地：世界范围内的住宅等
体　型：体长1.5～3mm

在食用叶子的叶虫同类中，虫粪叶虫的名字显得十分难听……不过，这也是没有办法的事情，因为虫粪叶虫的外形跟尺蠖虫之类虫子的便便实在是长得一模一样。正是因为这样，就算被鸟类这样的天敌看到，它们也会被误以为是粪便，从而逃脱被捕食的命运。

其实，虫粪叶虫的幼虫并不是生来就像便便，它们是用某种方法"化装"成这样的。它们先将自己拉出的便便干燥固定，随后制作成胶囊状。等做到一定大小之后，它们就会爬进这个"便便胶囊"，像父母那样装作一坨便便，守护自己的安全。坚持模仿、伪装成便便，这就是虫粪叶虫的"虫"生之路。

图解
尺蠖虫的便便

名　称：虫粪叶虫
栖息地：日本本州到九州的森林
体　型：体长3～4毫米

虫粪叶虫
能够完美地伪装成便便

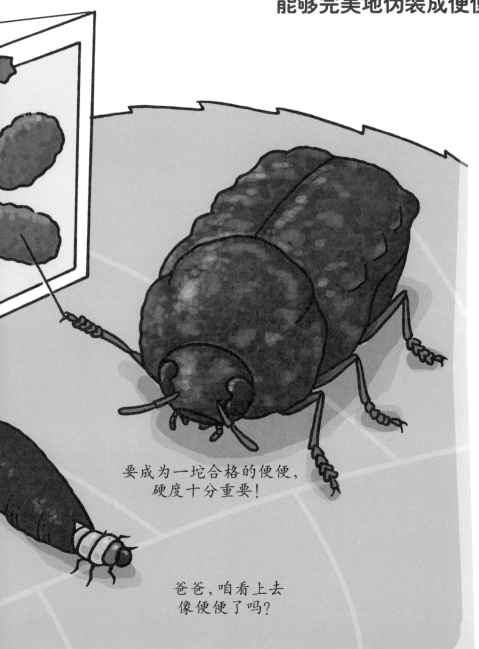

要成为一坨合格的便便，
硬度十分重要！

爸爸，咱看上去
像便便了吗？

在古埃及时期，有的昆虫被人类当作神灵而受到尊崇，那就是圣甲虫。圣甲虫又被称作屎壳郎，顾名思义，这种昆虫能够将动物的粪便滚成球状。如果把圣甲虫滚出的粪球当作太阳，操控"太阳"行动的圣甲虫自然就被人们当成了"太阳神"。

事实上，它们制作粪球也是为了养育后代。雄性圣甲虫滚出粪球后与雌性圣甲虫相遇并结成夫妻，然后它们会一起将粪球埋进地下。再后来，雌性圣甲虫就会在粪球上产卵，孵化出幼虫后，粪球就是幼虫宝宝的食物，帮助幼虫们茁壮成长。

古埃及人把太阳当作生命的象征。而他们将孕育新生命的粪球比作太阳或许只是巧合，但总觉得有些神秘呢。

太阳神大人！

名　称：圣甲虫
栖息地：非洲到亚洲北部的草原
体　型：体长20～40mm

圣甲虫曾
被当作太阳神的化身受人敬仰

在日本北海道或日本东北地区生活着的绵虫，被认为是预示着冬天来临的一种昆虫，也被称作雪虫。这是因为，在初雪即将来临之前，雪虫会像纷纷飘舞的雪花一样飞来飞去。并且，雪虫的翅膀上有部分蜡制的白毛，也会让人们联想到雪花。在日本俳句[1]中，"雪虫"已经成为代表冬天的季语[2]。

然而，如此梦幻美丽的昆虫，实际上是一种害虫。作为蚜虫的同类，雪虫会吸食植物的汁液。当大量雪虫来袭时，会使植物被害而变干枯。所谓人不可貌相，雪虫也有与外表截然不同的另一面呢……

雪虫是
一种预示冬天来临的害虫

看上去像美丽的雪花一样对吧？但是它们是害虫哦……

名　称：绵虫
栖息地：西伯利亚到日本北部的森林、草地
体　型：体长4毫米

1.俳句，是日本的一种古典短诗，由十七字音组成。
2.季语，是一个文化术语，指日本俳句中要求必须出现的代表季节的词语。

蓬蓬松松

泡泡里面，安心舒适！

白带尖胸沫蝉的
幼虫生活在尿液的泡泡中

初夏时节，在山林、草原的植物中，有时会看到一团白色的泡沫。这团泡沫并不是从植物身上长出来的，而是由白带尖胸沫蝉的幼虫制作而成的。

白带尖胸沫蝉的幼虫通过细如针尖的口器吸取植物汁液，取得养分后茁壮成长。然后，它们会让自己分泌的尿液起泡泡，从而制作黏糊糊的泡泡巢。这个泡泡巢使幼虫们远离干燥，还能够"淹死"靠近的敌人。幼虫们自己可以通过尾部的管道伸到巢外进行呼吸，因此不会被淹死。

因为泡泡巢实在太舒适了，所以一旦制作完成，幼虫们就几乎不会再动弹，直到成长为成虫为止都一直"宅"在家里。

名　　称：白带尖胸沫蝉
栖息地：东亚的森林、草地
体　　型：体长3～5毫米（幼虫）

131

在沙地上挖洞，待在洞底等待猎物的蚁蛉幼虫，也就是蚁狮，直到成为蚁蛉成虫，这样的生活会持续2～3年。在此期间，蚁蛉幼虫有时会分泌尿液，却不会排出大便。

这可不是因为蚁蛉幼虫都便秘哦，而是因为蚁蛉幼虫的肛门基本处于关闭状态，这样的话自然无法排出大便。便便都堆积在腹中，虽然是很难受啦，但不知为何，蚁蛉幼虫的身体并不会膨胀。

终于，等到幼虫成长为成虫，它们第一次排出大便后的身体会变得无比轻盈，甚至飞起来。它们腾空飞起的样子，简直就像身体被解放了一般呢。

蚁蛉幼虫
在成虫之前不会排便

我不会大便哦，因为我的肛门始终关闭着啦。

小 大

昆虫杂学

蚁蛉其实是一种接近甲虫的昆虫。虽然蛉虫的同类大多会在成为成虫后的1天内死掉，但是蚁蛉成虫后能够继续存活2～3周。

密克罗尼西亚小绿叶蝉

可以报时

蝉在叫了。应该快到6点了，咱们回家吧。

在太平洋的密克罗尼西亚群岛上，生存着一种通体绿色、翅膀透明的密克罗尼西亚小绿叶蝉。它们的鸣叫声是"知了——知了——"的样子，但是鸣叫的时间点特别不可思议。为什么这么说呢？这是因为，它们总是在每天傍晚5点56分开始鸣叫，时长约30分钟。当然，也不是每次都是5点56分准时开始，但是根据调查显示，它们鸣叫的时间前后误差仅4分钟左右。就算把它们的叫声当作闹钟，也差不了多少呢。

另外，这种小绿叶蝉还有一种不可思议的习性：在它鸣叫的时候，若人走到它附近拍手，它就会飞到人类身上停驻下来。

名　称：密克罗尼西亚小绿叶蝉
栖息地：密克罗尼西亚群岛
体　型：体长20毫米

雌性扁竹节虫是昆虫界的大块头！其中最大的长度竟然达到180毫米。当然，体重也重达50克。由于体重过重，它们虽然拥有翅膀却无法飞翔。并且，由于体型庞大，扁竹节虫活动起来总是慢吞吞的。不过，它们本来就属于伪装成植物的拟态昆虫，因此也不需要过多的活动，是一种很温顺的昆虫。

然而，有敌人靠近的话就是另一回事了——扁竹节虫会发出"咯吱咯吱"的声音，并且倒立起来进行恐吓，然后用遍布尖刺的腿紧紧地钳住敌人。这一系列的攻击动作还是很有力量的。

顺带一提，雄性扁竹节虫的身体只有雌性扁竹节虫的一半大小，就很普通啦。

雌性个头特别大的
扁竹节虫

咚——！

咯吱咯吱

17厘米

大小跟塑料瓶一样哦！

名　称：扁竹节虫
栖息地：东南亚的森林
体　型：体长150～180毫米（雌性）

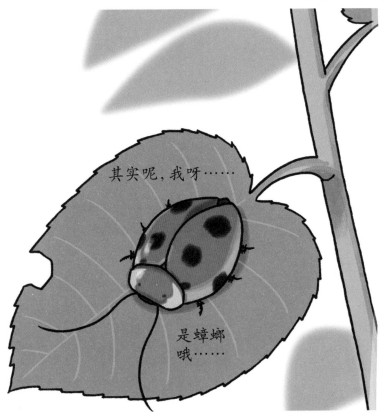

其实呢，我呀……

是蟑螂哦……

外形像瓢虫一样可爱

瓢虫蟑螂的

蟑螂的外形让人感到不适，因此总是被人类嫌弃。能打破这种印象的是一种生活在东南亚的蟑螂，它就是瓢虫蟑螂。

这种蟑螂拥有鲜艳的体表颜色和花纹，外形跟可爱昆虫的代表——瓢虫长得一模一样。虽然人类还没有完全掌握它们的生存状况，但是它们似乎是通过伪装成能够喷射臭液的瓢虫，来抵御敌人的攻击。

虽然瓢虫蟑螂并不能够像真正的瓢虫一样喷射臭液，但是仅从外表来看，它们确实长得像瓢虫一样，其相似程度令人惊叹。这样的外表，会不会让讨厌蟑螂的人类也喜欢上它们呢？

名　称：瓢虫蟑螂
栖息地：东南亚的森林
体　型：体长12～15毫米

蝴蝶最喜欢的食物是花蜜，所以我们经常能看到蝴蝶在花丛中围绕着花朵挥舞着翅膀飞舞的样子。不过，蝴蝶吸取的不光是花蜜。我们也能看到大紫蛱蝶等蝴蝶聚集在动物的尿液附近，然后大口大口吸食动物尿液的样子。

尿液和粪便中富含氨，对于蝴蝶来说，这是组成强健体魄所必需的钠元素的来源。大紫蛱蝶无法在幼虫期间通过食用植物来获取钠元素，于是，只有等待成虫以后，通过这种方式获取了。

话虽如此，美丽的蝴蝶居然可以跟尿液、粪便联系起来……这反差着实有点大呀。

名　称：大紫蛱蝶
栖息地：东亚的森林
体　型：前翅长45～60毫米

大紫蛱蝶

喜欢花蜜和动物的尿液

天蚕蛾大概有人的手掌那么大，外形让人看了心里发毛。天蚕蛾幼虫也是鲜艳的绿色，身体环节上长着茂盛的体毛，看上去有点可怕。但它们的体内不含毒素，因此不算是危险的昆虫。可是这副模样，也没法用可爱来形容吧？

就是这样的天蚕蛾，身体蕴藏着一个可能会让人喜欢的秘密——天蚕蛾幼虫食用柞树的树叶后拉出的便便，居然是盛开的花朵的形状。怎么样，很可爱吧？而且，从天蚕蛾的蚕茧取得的丝被称作天蚕丝，价值是普通蚕丝的几十倍。这下你是不是对它刮目相看了？

天蚕蛾

拉出的便便是花朵的形状

我的便便，是不是很可爱呢？

名　称：天蚕蛾
栖息地：东亚的森林
体　型：体长55毫米 (幼虫)

认真的吗？
看起来就像
便便一样。

柑橘凤蝶的
幼虫长得跟鸟类粪便一模一样

　　鸟类是蝴蝶的天敌，特别是对于行动缓慢的蝴蝶幼虫来说，一旦被鸟类袭击，绝无逃脱的可能。然而，柑橘凤蝶的幼虫从出生开始就想好了怎么对付鸟类。

　　首先，柑橘凤蝶幼虫被生下来后，体表呈黑白斑点花纹，就像鸟类粪便的颜色。它们的形状也接近粪便，对于鸟类来说，恐怕不会想要吃这种像便便一样的虫子吧。

　　幼虫蜕皮长大以后，它们的外表颜色就会接近植物的绿色。之后，两个触角里分泌的臭味就可以将鸟类都赶走。作为柑橘凤蝶的幼虫，既要伪装成便便，又要喷出臭气……为了生存，它们也真是很努力呀！

名　称：柑橘凤蝶
栖息地：东亚的森林、街道
体　型：体长30~70毫米（幼虫）

从蚕茧中抽出的丝线可用来制作绢布，因此从古至今，蚕都被人类很用心地饲养着。但是，除了蚕丝以外，蚕身上还有别的东西可以为人类所用，那就是蚕的便便。其实，蚕的便便作为绿色染料，被用于制作抹茶冰激凌之类的抹茶味甜点。

提起便便总让人觉得满是有害细菌，更别说要供人食用了。但是蚕的便便十分健康。蚕的食物只有桑叶，因此蚕的便便也只有组成桑叶的基本元素而已。蚕的便便不仅能够用作染料，还可以用来制作汉方药，是很棒的原材料呢。蚕宝宝的便便还真是用处大大、好处多多呀！

这是用我的便便染色的抹茶冰激凌。

看上去很美味吧！

蚕 的

便便能够将冰激凌染成绿色

昆虫杂学

蚕的便便中富含具有杀菌、除臭功效的叶绿素，因此也被用作外敷药、预防牙龈肿痛的洗牙粉等产品的原材料。

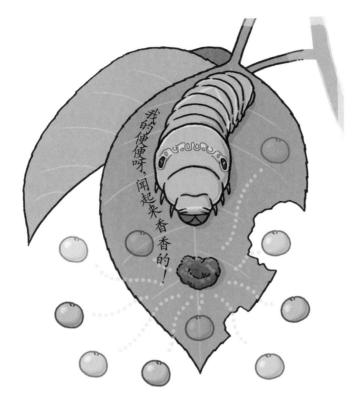

柑橘凤蝶 的 幼虫的便便闻起来像蜜柑

一般人们会认为，便便都是臭的。事实上，有的生物的便便会发出很清爽的气味哦。

柑橘凤蝶幼虫就是这类拉出香便便的昆虫代表。柑橘凤蝶幼虫主要食用蜜柑等柑橘类植物的叶子，它们的便便就像是柑橘叶子的浓缩物一样，闻起来有种清清爽爽的香气。实际上，它们的便便颜色也很漂亮。便便本身是深绿色，用碱性水熬煮过之后，能够将布料等染成草绿色。

"色香味"俱佳的柑橘凤蝶幼虫的便便，要不要考虑来一点呢？

昆虫杂学

柑橘凤蝶的日语汉字写作"扬羽蝶"，关于这个名称的来源有很多说法。有人说是由于柑橘凤蝶拍打着大大的翅膀的样子，看上去像是向上空飞一样，也有人说是因为柑橘凤蝶在吸食花蜜时翅膀总是向上举起。

大多数昆虫都拥有4扇翅膀，然而，苍蝇类只有2扇前翅，因为它们的后翅都已经退化了。后翅虽然已经无法助力飞行了，但是演化为棍棒状，帮助苍蝇在飞行的过程中保持身体平衡。

因此，苍蝇在飞行的过程中，前翅与空气震动，会发出"卜——"的声音。翅膀与空气震动的频率总是相同的，所以只会发出一种声音。那就是7个音符"Do、Re、Mi、Fa、Sol、La、Si"中的"索"音。苍蝇们在扇动翅膀飞行时，总是发出"索"的音，你听出来了吗？

苍蝇扇动翅膀发出的音全是「索」

同学们，跟我念"索——"

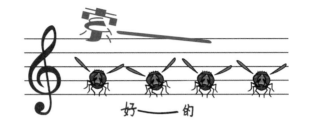

好——的

昆虫杂学

　　苍蝇的前脚可以用来感知味道和气味。如果前脚不干净的话，就不能够正确地感知味道了，因此苍蝇总是在擦拭前脚。

蜂和苍蝇中
也有"酒鬼"

喂！你小子怎么脸都喝红啦？

小人的眼睛天生就是红色！
我的女王陛下~

嗝~……

　　酒精是成年人的一种饮品，人类中有不少嗜酒如命的"酒鬼"。昆虫的成虫中，似乎也有这样的"酒鬼"。

　　比如大黄蜂，在深山中它们也许会想着：既然人类能喝酒，不如也让我们尝尝吧！这样想着，很容易聚集到酒精周围。正因为如此，日本人在设置捕获大黄蜂的陷阱时，有时候也会用上日本酒。

　　另外，果蝇早在人类诞生之前，就已经在品尝树液进行酒精发酵后的味道了。在品酒上，黑腹果蝇可以说是人类的前辈了哦。它们为了酒，就算牺牲性命也在所不惜——黑腹果蝇有时会聚集到酒瓶口，为了喝酒，它们常常会跌落进去淹死。所以无论如何，饮酒都要适量哦！

名　称：黑腹果蝇
栖息地：除北极、南极以外的世界各地
体　型：体长2毫米

塔兰图拉毒蛛作为一种大型蜘蛛非常出名。当塔兰图拉毒蛛发现猎物后，会用毒牙咬住猎物，使其动弹不得，然后用毒液使猎物的身体融化，之后再大口大口地吸食享用。所谓的毒液其实就是蜘蛛的口水，对于人类来说并不算什么。这只是蜘蛛用来捕猎小动物时使用的毒素，因此对人类没有致命的伤害。

但是，这并不意味着塔兰图拉毒蛛对人类来说没有危险。事实上，塔兰图拉毒蛛真正的武器是它们尾部茂盛的刚毛。塔兰图拉毒蛛用腿部挠动刚毛后，刚毛就会飞向敌人，由于刚毛上有倒刺，一旦被扎，就很难脱落。因此如果是小型动物，被扎之后可能会死掉。对人类来说，如果刚毛入眼，就会感到针扎般的疼痛。塔兰图拉毒蛛可不是好惹的家伙。请务必小心它们的尾部！

昆虫杂学

塔兰图拉毒蛛是捕鸟蛛科同类蜘蛛的总称。能够进行刚毛攻击的是其中被称作食鸟蛛的类型。

Jaguar
美洲豹

塔兰图拉毒蛛

身上比毒素更危险的是蛛毛

Round 1
02:05 第一回合

Tarantula

塔兰图拉毒蛛

HITS!

4连击！

其实我很擅长用刚毛攻击哦！

在日本的河流、池塘和田间等地方，也会经常见到美国小龙虾（又名克氏原螯虾[1]）。它们会像鱼一样用鳃过滤水中的氧气来呼吸，但是吸水的方向是相反的。鱼是用嘴巴吸水，过滤后通过鳃排出的，小龙虾是用胸部以下吸入水，然后用脸部排出。

因此，小龙虾排出的水其实是尿液。小龙虾的口器上方有2个触角腺孔，用于向前方喷射尿液。不仅是小龙虾，像螃蟹、虾之类的生物也是以同样的方式排尿。既然小龙虾用脸部排尿，那么便便是怎么拉的呢？这个请不用担心，它们还是通过肛门排出便便的啦！

用脸部排尿的 小龙虾

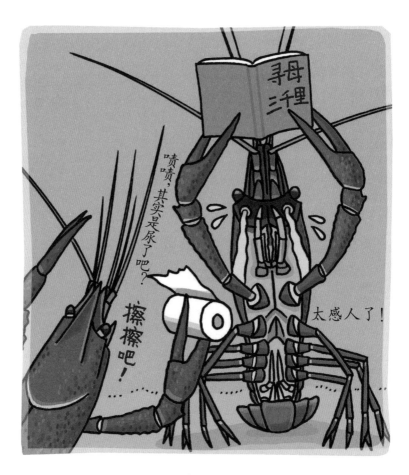

名　称：克氏原螯虾
栖息地：北美洲、欧洲和亚洲的河流、池塘
体　型：体长80～120mm

1. 名为 Procambarus clarkii，原产于美国东南部，又称美国螯虾、路易斯安那州螯虾，中国大陆称其为小龙虾。

卷甲虫的
便便形状是方方正正的

我的便便
最方正了！

才不是呢,
我的最方正！

不不不,我才
是最方的！

太感人了！我的眼泪止不住！

　　卷甲虫,俗称西瓜虫,顾名思义,是在遇到危险的时候将身体蜷曲成西瓜状的球体来保护自己的一种昆虫。它们生活在地下、石头底下等阴暗潮湿的角落,以落叶和小动物的尸体为食。

　　吃完食物之后会拉便便,但是与一般的昆虫不同,西瓜虫拉的便便是漂亮的方块状的。它们的便便一般是1~1.5毫米长的正方体或长方体。从形状来看,似乎很结实,但其实像土一样松软,碰一下就会散作一堆。它们的便便可以为土壤增肥,促进植物茁壮成长。

　　方方正正的便便也在参与着大自然的生命循环呢。

昆虫杂学

　　我们身边常见的西瓜虫是普通卷甲虫。虽然日本人以为西瓜虫是日本的本土生物,实际上却是外来物种。

蜗牛为了繁衍后代,需要进行交尾。但是,交尾过后的2只蜗牛都能够产卵。这是因为,蜗牛是一种同时拥有雌性特征和雄性特征的雌雄同体的生物[1]。蜗牛体内同时存在卵子和精子,在交尾时它们交换精子,双方都能够受精并产卵。

成为雌雄同体生物的原因,似乎是它们行动过于迟缓。蜗牛蜗牛,缓缓爬动,这就注定了它们不能去到很多地方。所以它们能够遇到配偶的机会也很少,万一好不容易遇到一只蜗牛,却是同性,就没法实现繁殖了。因此人们认为,这就是蜗牛进化出雌雄同体的身体构造的原因。

雄性和雌性毫无区别的 蜗牛

产卵

伸出交尾器

注意这个孔洞

吓了
一跳吧!

昆虫杂学

蜗牛交尾的时候,两只蜗牛身体必须呈8字形紧密相连。因此交尾只能够发生在交尾器在同一边的蜗牛同类之间。

1.有肺类蜗牛雌雄同体,前鳃类蜗牛是雌雄异体的,只有母蜗牛才可以产卵。

蜗牛能够在刀刃上自由移动

蜗牛蜗牛，缓缓爬动。也许你会好奇：蜗牛明明没有长脚，为什么能够向前移动呢？真是不可思议呀。事实上，蜗牛是有脚的哦。那就是长在蜗牛身体正下方的"腹足"。蜗牛通过收缩腹足，使腹部上的肌肉像波浪一样滚动，从而帮助身体前进。这时，为了减少摩擦力便于前行，蜗牛的身体会分泌出一种黏液。

虽然蜗牛行动迟缓，但它的爬行技巧可是很厉害的哦。通过黏糊糊的体液，蜗牛能够在叶子等物体的背面"倒立着"爬行，并且，由于身体柔软，即使是在锋利的刀锋上，蜗牛也能够依靠腹足向前移动，简直就像是表演杂技的街头艺人一样呢。

昆虫杂学

蜗牛在行走时常常留下一条连续的黏液，除了黏液，有时还会留下点状的残留物。人类目前还不清楚它们这样做的原因。

黑斑蛙在日语里被称作"殿下蛙"，虽然名字听上去很威风啦，但是它吃饭的格调可算不上高雅。黑斑蛙在吃之前会用眼球把食物推进喉咙里，这是为什么呢？因为不这样的话，它们是吃不成的。

首先，青蛙本身是没有牙齿的，所以无法咀嚼，只能将食物整个吞下。然而，青蛙的喉咙又没有肌肉帮助吞咽。因此，通过眼球的急剧收缩，黑斑蛙可以将食物送入口中，同时借助眼球的运动将食物推进喉咙深处，帮助黑斑蛙完成吞咽。

顺便一提，如果一不小心将猎物以外的东西塞进喉咙，黑斑蛙就会将胃袋翻出来，用水清洗干净。黑斑蛙的胃是可以水洗的哦。

用眼珠把食物推进腹中的
黑斑蛙

黑斑蛙殿下！这种吃法太野蛮了！

咕嘟咕嘟

虽然眼睛闭着，我可不是在打瞌睡哦……

名　称：黑斑蛙
栖息地：东亚的池塘、水田
体　型：体长40～95毫米

雨蛙
直接用肚皮喝水

怎么样？这是哪里产的水呀？

哗啦啦……

河流　池塘　沼泽

嗯嗯。这水既清冽，又不失甘醇……

你有没有见过雨蛙蹲在水坑里，肚子紧贴水面一动不动的样子呢？也许你会以为它们是在等待着猎物靠近，或者只是简单地蹲在那里发呆……实际上，它们可能是在喝水哦。

青蛙的肚皮又软又薄，水分可以轻易地渗透进去。因此，不应该说青蛙"口渴了"，而应该说它们"肚子渴了"。这时，它们可以将肚皮浸到水里，或者用肚皮紧贴湿润的土地，这样来为身体补充水分。虽然雨蛙的嘴巴看上去特别大，好像是能咕嘟咕嘟喝水的样子，但是它们根本不用嘴巴喝水。

名　称：日本雨蛙
栖息地：东亚水边的森林
体　型：体长20~45毫米

马来西亚半岛等地区的森林里，生活着一种三角枯叶蛙。它们的眼睛和鼻子上方长有三个像角一样的凸起物，全身看上去就像树叶一样。出于外形优势，三角枯叶蛙在白天可以很好地藏身于落叶之中，夜晚时则埋伏等待猎物靠近。

一旦眼前有猎物经过，三角枯叶蛙会"咻——"地伸出长长的舌头，把猎物卷进嘴巴里吃掉。三角枯叶蛙的胃口实在是太好了，不管是昆虫还是蚯蚓，照单全收，照吃不误。

也许是因为旺盛的食欲，三角枯叶蛙的体长虽然只有7厘米左右，却能拉出8厘米长的便便。它们的便便，大小跟狗狗的便便差不多。明明只是个小个子。小狗狗见了也会大吃一惊吧！

一只青蛙的便便居然和我差不多！

名　称：三角枯叶蛙
栖息地：东南亚的森林
体　型：体长70～100毫米

三角枯叶蛙 拉出的便便
大小跟狗狗的便便差不多

吓——！

体型的大小悬殊
也不算啥！

鼠妇的外形长得很像西瓜虫，爱好也与西瓜虫差不多，它们喜欢吃腐烂的植物。然而，鼠妇的身体无法像西瓜虫一样卷曲成完美的球状，因此有人会把它们称作"无法卷成球的西瓜虫"。但西瓜虫也属于鼠妇类，所以倒不如说西瓜虫是一种长得像鼠妇的昆虫吧。

鼠妇如果碰到墙壁的话，经常会右转、左转，再右转、左转……（先右后左或者先左后右）这样有规律地交互进行。如果把它们放进箱子里的迷宫观察它们的行动的话，就很容易发现这个规律。顺便一提，西瓜虫也有这个习惯。

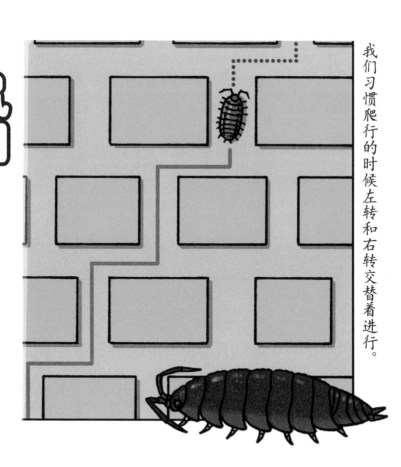

鼠妇
每次
右转弯后基本都会左转弯

我们习惯爬行的时候左转和右转交替着进行。

名　　称：鼠妇
栖息地：世界各地的草地、街道和各种潮湿阴暗的角落
体　　型：体长10毫米

蚯蚓会把便便堆成高塔的形状

　　蚯蚓的食物是植物落叶或者地下掩埋的腐朽根部之类，它们会把这些食物混合着土一起吃掉。最终，无法消化、吸收的土会变成便便排出体外。这些土因为混合了蚯蚓体内的消化酶，所以对于植物来说是营养丰富的肥料。

　　到了晚上，有的蚯蚓会从地底下伸出尾部，开始轰轰烈烈地排便，并把便便堆积成"蚯蚓便便丘"。据说在有些国家，有些蚯蚓用排出的便便堆出的小丘，居然超过30厘米高，直径也能达到5厘米。与其说是"便便丘"，不如说是"便便塔"更合适呢。

昆虫杂学

　　如果在草坪上建造很多"蚯蚓便便塔"，不仅会破坏风景，还会因为突起而碰到割草机的刃，最终都被推倒。

有些昆虫也在过着社会生活呀

建立蚂蚁集团，
区分蚁后、
工蚁等阶级吧！

我们是一家人！

蚁后

新蚁后

雄蚁

兵蚁

工蚁

　　大多数昆虫的父母都不承担照顾子女的责任，最多只会在子女的虫卵时期，保护虫卵不被敌人伤害。也有昆虫会喂养自己的幼虫，但是一般照顾到它们成虫之后，也会离开。这些昆虫的亲子关系都比较淡薄。

　　然而，像蚂蚁、蜜蜂之类的昆虫，即使成虫以后也还是会跟着家族一起生活。例如蚂蚁，它们的家族以蚁后为核心，由蚁后生下的孩子们组成一个蚂蚁集团，一起生活。并且，蚂蚁集团的内部等级森严，蚂蚁按照各自的阶级承担着不同的责任，就好像是人类社会的缩影一样。

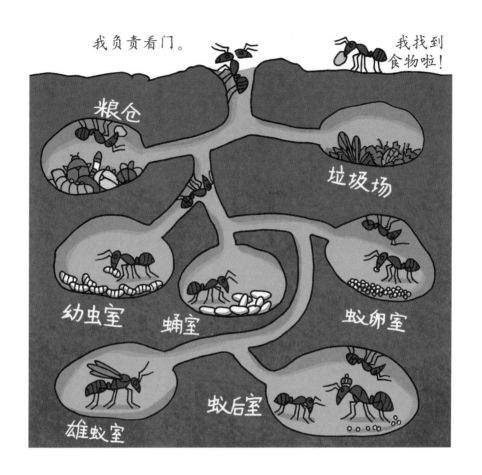

这样的昆虫被称为"社会性昆虫"。

社会性昆虫家族的分工十分明确，蚁后专心负责产卵，工蚁负责为蚁巢中的同伴寻找食物，以及照顾由同一只蚁后产下的兄弟姐妹等。另外，为了守护蚁巢的安全，与敌人进行搏斗的大多是年长的蚂蚁们。剩余寿命越短的蚂蚁，承担的工作的危险性也会越高，而年轻的蚂蚁们则会承担比较安全的工作，以此来守护蚁巢的安全。

如此等级森严、分工明确的生活方式，使得社会性昆虫的家族数量众多，十分繁荣。

索 引

本书中出现的昆虫名称将按照首字母顺序进行排列。